湛庐 CHEERS

与最聪明的人共同进化

HERE COMES EVERYBODY

U0246980

[日]末广德司 著

贾天琪 译

着装的
影响力

装いの
影響力

浙江教育出版社·杭州

关于我和着装的故事

说说网络时代也适用的"制胜着装"

　　"外表并不重要，重要的是内在。"

　　我遇到过很多说这话的人。但我不得不告诉他们一个残酷的事实——那些嘴上说"重要的是内在"的人，也可能毫无"内在"。当然，这其中还有很多人，单从外表来看就让人感到遗憾。另外，那些认为"外表和内在同样重要"的人，通常都内外兼备。准确地说，他们注重仪表是为了表达其内在的美好。

这样一来，又会有人说："所谓好看的外表，其实就是衣品吧。我没有衣品，我选择放弃追求好看的外表。"

我想要告诉你，好看的外表与衣品毫无关系，你不需要所谓出众的衣品。你只需要了解商务场合中约定俗成的着装法则，穿着得体即可。这就是本书要讲的内容。

着装法则相关题材的书虽然有很多，但大多数书并不尽如人意，很多书都有诸如"要做的太多，太麻烦""会耗费大量的金钱和时间""谁都懂的道理，毫无新发现"之类的问题。因此，我除了要做到把书写得让每一位读者看了都可以轻松上手之外，还要尽可能多地加入读者似乎知道但实则不懂的内容。

我总结的应对当前线上办公、居家办公趋势下的着装法则，也是本书的一大特色。你可能会听到这样的话："由于远程办公，穿西服的机会减少了。"线上商务洽谈与现实生活中面对面的情况不同，选择的"战衣"自然也不同。在线上，画面中需要显露出能给人留下好印象的上半身，大多数人不系领带。针对在这种情况下应该如何穿衣服的问题，我在本书中做了详细说明。

现在，与人会面不再是理所当然的事情，预约也变得不那么容易。除非对方认为真的十分必要，才会同意见面。此时，你应该穿什么样的衣服去好好把握这个千载难逢的见面机会，就显得尤为重要了。

我是一个西服裁缝，也是一个穿西服的男性商人，但与我出身相似的人写书的却出奇地少。正因为我熟悉当今的各种商业场合，所以相较而言，我对此更有发言权，我将把我知道的和感受到的一切毫无保留地告诉读者。

在此，我先简单介绍一下自己。我是目前日本唯一一家专为企业高管服务的西服裁缝店 IL SARTO 的代表董事。迄今为止，我们已经为 15 000 多人量身定做过西服，其中绝大多数人是企业高管。企业高管是公司的门面，代表着公司的形象，参与的都是大项目，因此，企业高管的着装非常讲究。我们就是专为常年征战商场的企业高管量身定做在"商战"中可以取胜的衣服。服务企业高管的丰富经验使我也能帮助职场新人，除了三件套西服，我们还会为客人定做"Cool Biz"（清凉商务）① 和休闲装的穿搭。

回想起来，我之所以能走到今天，要归功于之前的实习和工作经历。在日本著名服装生产企业联合箭（United Arrows）② 实习期间，我有幸获得直接向行业

---

① 日本上班族在夏季的穿着搭配，在本书第 3 章中会详细介绍。——译者注
② 该企业以精品店为主要销售渠道，旗舰店在东京原宿。——译者注

权威——时尚总监学习的机会。在日本大型服装企业世界时装（WORLD）工作期间，我曾连续发布一系列重磅产品，周销量超过 50 000 件。

在挑选衣服上，
我有一段比平常人更艰辛的黑暗历史

诚如大家所见，现在的我虽然是一名服装专家，但其实曾经有段时间我很害怕买衣服，在挑选衣服方面非常自卑。

我先简单谈谈我的成长经历。我出生在一个服装经营世家，父亲经营女装专卖店，祖父经营男装零售店。这样出身的我却有一段被服装困扰的黑暗历史。

从小，我在生活中就常接触各式各样的衣服、配饰、时尚杂志，所以从初中开始我就自己选衣服。我无比坚定地认为我比同龄人更有时尚感。

然而，我第一次与异性约会那天，穿着自认为最得意的衣服兴冲冲地奔向约会地点，对方瞪大眼睛看着我说："就这样？这真的是你自己选的衣服？"

于是，我因为着装被甩了。理由是，她不想和土里土气的人逛街。

这对我来说是个不小的打击。身为服装经营世家的继承人，我对着装的自信瞬间土崩瓦解。从此，我就不再为自己选衣服了。

不仅如此，我开始变得抑郁、沉闷，害怕见人，总觉得其他人也以同样的目光审视我。那段时间我在学校也被同学欺负，学习成绩一落千丈，由正数第二名跌至倒数第三名。

把我从深渊中拯救出来的是大我两岁的姐姐。姐姐帮我做了一个穿搭表，连袜子的颜色都是指定好的，她每天和父母一起帮我挑选衣服。我开始按照姐姐的

"指示"穿搭，于是我的生活发生了改变。凡是见到我的人，都会称赞我穿着得体。

而当我试着穿自己选的衣服时，却不会得到别人的夸奖。我虽然不理解这其中的奥妙，但被人夸奖这件事确实让我重获自信。我变得和任何人都可以交谈，对生活也充满热情。一年后，成绩也从倒数第三名跃升至正数第一名，并顺利考上了我的第一志愿学校——早稻田大学。

因为我从初中到高中一直读男校，平常与女生交流的机会很少，和女生说话我都会很紧张。后来，或许是因为有了自信，我可以大胆地同女生讲话聊天，甚至可以和女生在 KTV 肆无忌惮地嬉笑。

"服装真的太棒了！它有着改变情绪和人生的魔力！"当时的我这样想。

曾经被服装击垮的我，这次被服装救赎。

上大学的时候，我开始在联合箭实习，那时我还没有足够的知识储备去应对那些热爱服饰穿搭的顾客，也不知道西服的正确穿法。身处时尚最前沿的精品店，却对西服穿搭一无所知。就在这时，我的大救星出现了。

那时候，联合箭的分店还很少，我跟着业界权威——联合箭的时尚总监认真学习了与时尚相关的基础知识。同时，由于每天都能接触到来自世界各地的最新时尚信息，我掌握了服装方面的专业知识。在联合箭学到的东西，让我受益至今，如下几点，在今天的工作中仍然十分受用：

(1) "潮流时尚"不等于"商务时尚"。

(2) 与其选择适合自己的西服，不如让自己去适应西服，这样更美。

(3) 穿着能体现一个人的教养，衣服上的每一处设计都有其独特的历史背景和意义。

大学毕业后，我加入了日本大型服装企业世界时装，连续发布了一系列重磅产品，并参与了在中国的品牌发布活动。

充分利用为 15 000 多位顾客
定做服装的经验

在世界时装工作了 10 年后，32 岁的我选择辞职回家，协助父亲经营女装专卖店。但在这里，我遭遇了"滑铁卢"。当时，我家的女装专卖店引进了世界一流的营销方式进行业务改革，结果销售额不但没有增长，反而急剧下降。因此，店里的员工对我也毫无信心，使我压力大到没有办法工作。

之后，我渐渐意识到，顾客的信任远比销售额更重要。37 岁，我开始经营一家"差旅西服裁缝店"，不久便打出"企业高管形象好，公司业绩激增"的宣传标语，立志做"日本唯一一家专门为企业高管服务的西服裁缝店"。

我被服装"捉弄"了大半辈子，但也多亏如此，我才明白了服装的真正力量——服装是帮助你成为未来理想的自己的一个魔法工具。

在过去的 12 年里，我为 15 000 多位顾客量身定做了西服，其中包括企业高管、政治家、医生、作家、演说家、律师、演艺人员和运动员等。那时，我一直主张的服装选择原则是：

(1) 不穿适合现在的自己的衣服。
(2) 要穿适合未来理想的自己的衣服。

穿适合现在的自己的衣服，代表"维持现状的人生"。穿适合未来理想的自己的衣服，则是一种更为积极的选择，代表接近"最好的自己"。外形上的改进，有助于最大限度地发挥自己的潜力、价值和魅力，生

活也将随之发生巨大改变。事实上，我们的客户也给
了很多这样的反馈：

- 每次穿上它，我都会感到仿佛自己内心深处的
  某种东西被激活，它赋予了我工作的动力。
- 我在比赛中一举获胜，拿到了电视评论员的
  工作！
- 即使遇到比我优秀得多的人，服装带给我的自
  信也会让我不再胆怯。
- 企业、政府、大学、大使馆等发出的讲座邀请
  和媒体节目的出镜邀约接连不断。
- 我是一名人寿保险推销员，留给客户的第一
  印象起着决定性作用，服装替我讲述着我的
  价值。

我想通过本书告诉读者，我们应该充分发挥服装
的真正力量，我也在书中介绍了相关具体方法和技巧。
换句话说，这是一本能够帮助人们塑造成功的商业形

象的着装指南。

人可以通过改变外表来改变自己，这种改变是革命性的。在外表改变的那一刻，你会变成"未来理想的自己"。崭新的形象将推进业务拓展并带你走向更加精彩的人生。

希望本书能对各位有所帮助。

2021 年 9 月

末广德司

商务场合的着装要求，你了解吗？

扫码鉴别正版图书
获取您的专属福利

- 以下哪种西服上衣的长度适合男性？（　　）

  A. 在臀部以上的长度

  B. 正好卡住臀线的长度

  C. 遮住臀部一半以上的长度

  D. 在臀部以下的长度

扫码获取全部测试题及答案，
看看你对商务着装的了解有多少？

- 如果你必须穿黑色西服出席正式场合，怎样搭配更得体？（　　）

  A. 搭配色调柔和的领带，如淡蓝色或卡其色

  B. 黑色西服搭配黑色西服，再配上一双黑皮鞋

  C. 搭配颜色鲜亮的衬衫，如橙色或黄色

  D. 系一条名牌腰带

- 疫情期间，很多人居家办公，需要参加线上会议。以下哪种着装更适合线上工作？（　　）

  A. 条纹衬衫

  B. 细格子衬衫

  C. 千鸟格衬衫

  D. 素色衬衫

扫描左侧二维码查看本书更多测试题

第3章

制胜着装法则　　　　　　　　　　　　　　055

第 4 章

第 1 章

潮流时尚 ≠ 商务时尚

在挑选、搭配衣服之前
人人都要知道的理念

▌"潮流时尚"和"商务时尚"两者完全不同

如今，承蒙众多顾客的关照，我经营的西服裁缝店生意还不错。但在我的裁缝店开业初期，店里的生意并不是很好。

苹果公司原 CEO 史蒂夫·乔布斯先生的发布会让我深受启发，他为什么总是穿同款衣服？经过深入研究，我发现我做的西服之所以有不足，是因为我缺乏"商务时尚"这一理念。

我曾在服装行业做产品策划，因此进行产品开发的时候总是在思索"如何让顾客的着装更时尚""是否让顾客感受到了今年的流行趋势"之类的事情。

直到有一次，一位税务师顾客对我说："对我来说，这件衣服时尚与否或者它是什么品牌并不重要。重要的是，你能否把我打造成一个看起来值得信赖的税务师。"

一时间，我不敢相信自己的耳朵。我一直认为，着装最重要的就是引领时尚和潮流。令我惊讶的是，这个世界上竟然有人会轻视这些东西，甚至说它没有必要。虽然我无法认同这一观点，但我觉得这位税务师有些与众不同。

对于这件事情，我一直无法释怀，于是我又分别问了几位顾客："您觉得衣服看起来时尚更重要，还是精干更重要呢？"绝大多数顾客的答案是："看起来精干更重要。"

正是在那段时间，我惊闻乔布斯先生永远地离开了我们。提起乔布斯，很多人马上会想起他身着黑色高领毛衣和牛仔裤的形象。不知从什么时候开始，只要是在媒体露面或者出席新产品发布会，他就一定这么穿。

当时，靠服饰业养家糊口的我百思不得其解，于是我阅读了很多介绍乔布斯的书籍，终于明白了他为什么坚持以同样的装扮出现在公众面前。

原因有两个。第一，他不想花时间来思考如何穿衣。管理层的主要工作是做决策，他必须不停地做出判断。乔布斯是这样说的："我想尽可能地减少需要我做决定的事情。每天早上都要决定今天我要穿什么，这非常浪费时间。那么，将决定穿什么衣服的时间减少到零的最简单的方法，就是每天穿同样的衣服。"这是一种崇尚理性思考的乔布斯式想法。

第二，如果每天都穿同款衣服的话，那要穿什么款式的衣服呢？乔布斯当时的想法是，他所穿的衣服要与苹果公司的形象相符。苹果公司产品的设计特点是简洁，这样的特点也表现在乔布斯的衣服上，就是黑色高领毛衣搭配牛仔裤。选择与品牌理念相符的衣服，这是他坚持以同样的装扮出现在公众面前的原因。

假设乔布斯穿西服、宽松印花衬衫等款式的衣服，苹果公司的经营情况会变成什么样呢？我想苹果这个品牌大概很难做到像今天这么强大的。

乔布斯去世后，蒂姆·库克担任苹果公司的CEO。他出现在媒体面前时，穿的是黑色衬衫。苹果的掌舵人的外在形象由黑色高领毛衣变成了黑色衬衫，它们都会让人联想到苹果公司简洁的品牌设计理念，在这一点上两者是相同的。

若是从"是否时尚"的角度来看乔布斯先生的黑色高领毛衣或者库克先生的黑色衬衫，不同的人会给出不同的回答。但是，如果从"是否能打出自己的品牌（是否容易被他人记住）""是否体现了品牌理念"的角度来看，相信很多人会表示赞同。

通过对税务师一席话的思考和对乔布斯先生的研究，我逐渐理解了"商务时尚"的理念。事实上，时尚分两种：

(1) 潮流时尚。

　　选择潮流时尚穿搭是为了取悦自己。时尚杂志上刊登的时装大多属于这一类别。挑战从未尝试过的颜色和样式，感受遇见全新自我的喜悦，目的是享受时尚，只为追求自我的满足。

(2) 商务时尚。

　　选择商务时尚穿搭是为了取悦对方。根据TPO，即时间（Time）、地点（Place）和场合（Occasion），遵守相应的着装规则，穿搭得体，避免让人感到不舒服，并以直白的方式告诉对方你是谁。

很多人会将两者混淆，我曾经亦是如此。我并不是说商务时尚类服装好，潮流时尚类服装不好。我要说的是，着装的选择有两种，关键是要分清场合，确定优先考虑选哪一种。

比如，很少有人会穿 T 恤去参加葬礼，那是因为人们很容易理解葬礼这种情境的 TPO。然而，在商务活动中，很多人往往很难判断当下的情境属于什么样的 TPO，于是便对此毫无概念。

以前，出席商务活动意味着必须穿西服，这可以说是个常识。而如今，越来越多的商务活动不穿西服也无妨。当被告知"你自己决定穿什么"的那一刻，很多人反倒不知道该穿什么了，这导致经常有人在应该优先考虑选择商务时尚着装的场合无意识地选了个性化的潮流服饰，造成着装上的失败。

　　想必一定不会有人对乔布斯先生说"您穿得很时髦"这样的话吧。在商务场合中，你不必赶时髦。

　　在商务场合选择个性的潮流服饰还有其他负面影响。不同的着装，传递给对方的信息也不同，选错衣服可能无法给对方传递任何信息。潮流时尚的着装选择全看当日的心情，而商务着装的核心是要准确地告诉对方你是谁。

　　人们无法信任那些总是食言的人，甚至不想和他们一起共事。因此，着装的风格变了，向对方传递的信息也随之发生改变，这可能导致对方失去对你的信任。

宣扬"内在重要"的人，
也可能毫无"内在"可言

当你在选购家用电器时，会向谁咨询呢？

(1) 家电商城导购员。

(2) 点评网站的网友。

(3) 熟悉该产品的朋友或熟人。

以前，只有（1）这一个选项。实体商店价格优惠、种类繁多，直接向导购员咨询是理所当然的事情。如今时代变了，咨询途径多种多样，现在通过电子邮件或即时通信软件等媒介，可以随时随地问到自己想了解的事情。因此，我想更多的人现在应该会选择（3）。

导购员的推介给人感觉好像是在推销产品。网络上的评价又不知道是谁写的，是否可靠真实，是否适合自己，都要存疑，而且网上还有很多刷好评的现象。

若是拿来作为参考还可以，但是不能作为决定的依据。但如果是自己的朋友或熟人，你了解他的为人，自然不用担心会被推销产品。

我想说的是，越来越多的人开始重视自己信任的人的评价。随着社交媒介的发展，这种趋势越来越明显。除了朋友、熟人之外，更多的人开始关注那些不曾谋面的网络"大 V"的评价。

由此可以看出，无论你是企业高管、工薪阶层还是自由职业者，要想在事业上取得成功，成为一个"值得信赖的人"尤为重要。

除了内在，外在对于赢得别人的信任也非常重要。具体来说，你首先是要打造可以正确传递内在价值的外在。

关于这一点，如果我们站在客户的立场上，就很好理解。如果站在你面前的推销员身上的西服皱巴巴，头发乱如麻，烟味、口臭扑鼻，你会有何感受？估计很多人都会觉得，这样穿着打扮的人一定不会推荐什么好产品，不管这位推销员学识多么渊博，多么善于分析，他都很难得到客户的信任。

如果是因为外在劝退，很多时候不明实情的也只有当事人自己。

即便衣服不是皱巴巴的，但如果推销员不分场合地到哪儿都穿着那套毫无特点的西服，又会如何呢？客户对他的记忆会随着时间的流逝而逐渐变得模糊。或许他本人会以为靠产品和服务就能取胜，但现实是，仅靠产品和服务就可以成功的时代早就过去了。

在接下来的时代，"产品＋服务＋人"的趋势将进一步加强。未来，对企业来说产品与服务固然重要，但"参与其中的是什么样的人"也很重要。参与者面对的第一个关卡，就是着装。如果没有树立"外在是最外层的'内在'"的意识,你甚至连站在游戏舞台上的资格都没有。同时,这也意味着你可以通过战略性调整外在来创造更大的优势。

现在仍然有很多人认为,"外在是无所谓的,重要的是内在"。我见过太多持这种观点的人,遗憾的是,这些人往往内在也不怎么样。还有很多人觉得穿家里人买的衣服就足够了,这样的思想已经落伍了。

企业规模越大、发展越安稳的时代已经过去,今后,企业无论规模大小,随时有破产的风险。因此,你需要进行自我品牌化,这样无论何时都不会畏惧单独作战。此时,你的外在就会发挥极大的作用。

选择适合"未来理想的自己"的服装,而不是适合"现在的自己"的服装

假如你此时已处于人生顶峰,拥有了一切你想要的东西,那选择适合现在的自己的服装没有任何问题。

着装的影响力

若不是，且你还想让事业更成功，那就要选择适合未来理想的自己的服装。

让我们想象一下未来理想的自己。有的人想成为CEO，有的人只要做到部门经理就心满意足了，还有的人梦想自己创业做老板。那时的自己会穿什么衣服，还会是现在这副打扮吗？——身上的夹克歪歪扭扭，裤子没了漂亮的裤线，皮鞋底也因久穿变薄。如果这是现在的你，请再好好审视自己。此时你身上的东西将成就你的现在和未来。

"你身上的东西"不仅仅指服饰，还包括你的行为举止、谈吐措辞、思维逻辑等。这些决定着你的现在和未来。要想在事业中大放异彩，你需要全方位地进行自我提升。

对推动事业发展来说，改变着装搭配是最简单易行的方法，而这也恰恰是很多人忽略的地方。行为举止和谈吐措辞需要多年习惯养成，不会那么容易改变（当然，如果能改变还是要尽量改变）。在着装方面，你只要按照本书中所介绍的方法去实践，改变立马可见。定做的西服需要等几星期才能拿到，无法马上穿上，但是鞋子、领带，你今天就可以换上。

　　然而，我发现大多数人在选择服饰时，要么看服饰是否适合现在的自己，要么按自己的喜好来挑选。大多数人分不清潮流时尚和商务时尚的区别。可以说，商务时尚还没有被大众真正了解，相关领域仍是一片"蓝海"[①]。

　　此外，着装的改变常常带来行为举止、谈吐措辞上的变化。通过着装的改变，你暂时成了未来最想成为的人，因而会产生一种紧张感，进而引起意识的改变。要成为"未来理想的自己"，需要改变的不只是穿

---

① 蓝海：经济学名词，指未知的市场空间。——译者注

衣打扮，还有现在的生活方式。如果你能意识到这一
点，你的生活将会发生巨大改变。

▌ 商务时装就是制服

　　说商务时装就是制服，大家可能会觉得不可思议。
我们拿警服来举例，大家就很好懂了。

　　警察在非工作时间穿私服，工作时间穿警服。

　　下班后，他们也会与朋友小聚或者玩玩手机游戏，
放松一下。但在工作时间，警察绝不会做这些事情。
当穿上制服的那一刻，他们会立刻意识到自己是一名
警察，身上的制服会时刻提醒他们应该做什么、不应
该做什么。

　　关于私服，有人是为了追求潮流时尚，有人则不
关心时尚，单纯看中其御寒保暖或透气凉爽的功能，
或者只是为了穿着舒适。

不过，大概没有几个人是为了追求时髦、好看才穿制服的吧？（当然，也许有这样的人。）在大多数情况下，穿制服并非为了舒适或者保暖，穿制服是为了充分展示自己是谁。

商务时装和制服的功能相同，都是用来向他人展示自己的。纠结于它是否时髦好看、是否舒适，将会影响你做出正确的选择，这是商务人士一定要注意的地方。

制服会影响你的形象，同时，也会在很大程度上影响周围人对你的看法。如果你换上西服，虽然不会像从 T 恤、牛仔裤等便装换成警服那样带给人的冲击那么大，但一定会改变周围人对你的看法。如果你能按照本书所述的方法实践，至少可以达到这样的效果。

"用衣服改变人们对你的看法"，换句话说就是"让衣服为你发言"。正确的着装意味着，你不必费尽口舌、高谈阔论，也可以达到宣传自己的目的。

事实上，越是业务进展不顺、没自信的人，越是口若悬河、喋喋不休，他们试图以此掩饰自己的不自信。相反，越是业务进展顺利、信心百倍的人，就越能够切中要害、言简意赅。气场十足的外表形象会进一步支撑你的观点，因为人们是可以感受到气场和光环的，人们可以借由气场和光环来增强自身的说服力。因此，请尽可能让服装为你讲述，用服装为你代言。

一旦依赖名牌，就无法打造"我"这一独特品牌

通常，我们在名牌店买到的服装只是在展示该品牌所设想的形象，并非可以引领自己走向成功的理想着装。名牌服装是主角，穿戴者只不过是让服装脱颖而出的配角。因此，一味地用名牌从头到脚包装自己，在商务时尚形象的打造中失败的可能性会很大。

　　虽说如此，我并不是说让大家不要去名牌店。名牌店的产品虽然价格昂贵，不过很多产品还是对得起它的价格的。只是，如果完全不考虑自己的实际需求，你大概率买到的都是自己用不到的东西。就像买房的时候去看房屋展厅或样板间一样，如果去之前，你在头脑中对自己想要的生活没有任何概念，要么你会被那些看起来时髦但其实毫无用处的设备所吸引，要么什么户型在你看来都是一个样子、没什么不同。如果对理想生活没有任何设想，你很可能最终买到不适合自己的房子，还浪费了大量的金钱。

　　此外，还有一点也想请大家记住：品牌可以是药，也可以是毒。

　　据说"品牌"一词原指烙在牛身上的印记，用以区分自己的牛与其他人的牛。换句话说，品牌的本质就是排他的，为了表明与其他牌子的不同。

举例来说，如汽车中的保时捷，手表中的法穆兰，智能手机中的苹果，当人们看到这些品牌，马上就会明白它是什么产品。这些产品具有强大的品牌形象，因其鲜明的设计风格而格外耀眼。因此，使用大品牌的产品，更像是使用者在展示该产品。

事实上，许多服装、包包和配饰上都有一个醒目的标志，用来区别其他同类别产品。这类产品也不推荐用于商业时尚。因为一旦品牌本身过于抢眼，服装就会沦为噪声一样的存在，令人不悦。借助品牌名气的着装，与狐假虎威无异，很难招人喜欢。

你如果实在想用名牌产品，最好先转变自己穿戴名牌产品的立场。不过，做到这一点是非常困难的，只有那些网络"大V"可以做到。

网络"大V"在网上推销产品，吸引粉丝购买。粉丝更多的是在为网络"大V"买单，而不是为产品本身。就算产品是名牌，网络"大 V"也不是在依靠名牌本身的名气，而是依赖其个人的影响力。

因此，我们先要好好畅想未来理想的自己的模样，在此基础上去选择名牌，将它作为实现理想的工具。

▍把服装搭配的事推给女性，便无法穿出商务时尚形象

让女性为男性选择衣服，来打造男性的商务时尚形象，很容易导致失败，尤其是以下三种类型的女性，失败的概率非常高。

第一种是致力于把丈夫或男朋友打扮得很时髦的女性。她们的标准是"可爱不可爱""时髦不时髦"。这些女性向来热爱时尚，她们就算把商店逛个遍、试穿个遍也不会觉得累。她们还喜欢看男性时尚杂志。总之，她们非常热衷于打扮自己的丈夫或男朋友。

　　她们会选彩色拼接西服，盖不住屁股的短款夹克，颜色靓丽、图案花哨的衬衫，尖头皮鞋，或者光脚搭配乐福鞋，等等。她们让自己的丈夫或男朋友穿时下年轻人喜欢的单品，总之就是把男性朝着可爱、时髦的方向打扮。

　　但是，请大家冷静地思考一下，在商务场合中似乎不存在因为形象"可爱、时髦"而占优势的情况，反而会在不经意间被看不起，失去他人的信任。这类女人往往比她们的丈夫或男朋友年纪小得多，而且通常是全职家庭主妇。

　　第二种是想让丈夫或男朋友绝对"安全"的女性，她们的标准是"不引人注目"。或许在她们看来，"工作服就应该选普普通通的款式"，又或许是担心丈夫或男朋友打扮得太时髦，就容易拈花惹草。总之这样的女性就是要把自己的另一半打扮得普通得不能再普通，让他们一年四季都穿得几乎一样。光看这类男士身上穿的衣服，你甚至无法判断现在是什么季节。

　　当她们的丈夫或男朋友试图接触一些时尚的东西时，她们立刻就会严厉呵斥道："不行!"这种所谓的安全很麻烦。"没有威胁"就是"安全"[①]，也就代表毫无个性、了无生趣。换句话说，"安全"的服装没有展示出任何关于你自己的信息，仿佛是在告诉大家"我和其他人并没有什么不同"，自然起不到为自己代言的效果。这种追求"安全"的类型常见于家庭地位凌驾于丈夫之上的强势女性。

　　第三种类型是对丈夫或男朋友的外在形象不感兴趣的女性。不管问什么，她们都会说"都行"。如果追问下去，她们便会敷衍地说"好看呀"，最后变成"哪个都好看"。这样的女性是否在认真回答非常值得怀疑，偏偏她们的丈夫或男朋友需要得到她们的意见才

[①]　为日语单词的字义拆分。在日语单词中，"難が無い"（没有威胁）即为"無難"（安全）。——译者注

能做出选择。

更麻烦的是不同类型交叉的情况。例如，妻子是上述第二种类型，而女儿是第一种。妻子想要丈夫"安全"，女儿想让爸爸可爱。出发点完全不同，自然不可能得出一致的意见和结论，于是由她们打造的男性形象变成"安全"和可爱杂糅、不伦不类的风格。如此一来，何谈"未来理想的自己"的塑造。

关键时刻才穿制胜战服，这样做有何风险？

对某件衣服爱护有加是件好事，但若把它当作制胜战服或自己最好的衣服，只在关键时刻才穿出来，往往不会得到期待的效果。

事实上，我也有过这样的经历。25 岁那年，我在西麻布（东京市中心高档住宅区）的一家高档商店里定做了人生中第一套西服。店内庄严凝重的气氛，让那些只看不买的人或者第一次进店的新顾客望而却步。

　　店内播放着爵士乐，我享受着 VIP 一般的服务，一边品着浓缩咖啡，一边精心挑选西服的面料和样式。西服的价格将近 25 万日元①，我仿佛瞬间来到了成年人的世界，而且西服本身的做工确实也非常棒。

　　"好吧，我要好好爱惜这套西服，把它当作我的制胜战服，不到关键时候绝不拿出来穿！"

　　下定决心后，我就一直等待着所谓的"关键时刻"。"还有更重要的场合""天就要下雨了，会弄脏，还是不穿它了吧"……就这样，不知不觉间，15 年过去了，这套昂贵的西服我只穿了 3 次。

　　由于过去了太久，那套西服的样式早已过时，我的体形也变了不少，已经无法再穿。衣服一旦"过

---

① 按照 2006 年年均汇率（100 日元约合 6.86 元人民币），25 万日元约合 17 150 元人民币。——译者注

期"，最终只能扔掉。花 25 万日元买来的西服只穿了 3次，也就是说穿 1 次就要花近 8 万多日元。

通过这件事情，我明白了，其实没有一天是无关紧要的。也许明天就是人生的最后一天，因此每天都是"关键时刻"，我们都要全力拼搏。如果服装可以改变我们的心情，提高工作效率，让一天过得更加充实、更有收获，那就索性每天都穿最好的衣服。

另外，好衣服并不是非得在重要场合才能穿，只有平常多穿才能穿得更好看、更自然。

在电影《007》中担任主角的肖恩·康纳利就是个很好的例子。电影中，康纳利穿着无尾礼服，举止绅士，英姿飒爽。其实，为了让康纳利穿好无尾礼服，在电影开拍之前，导演就要求康纳利去定做一套无尾礼服，并在半年内一直穿着，连睡觉也不例外。这么做的目的只有一个，那就是要让康纳利把无尾礼服穿得自然、好看。如果演员平时不穿这些所谓的好衣服，只有在拍电影这种关键的时刻才穿，是穿不好的。"穿"和"穿得好"是两码事。

就像开车，如果平时不常开，偶尔开一次也是很危险的一件事。

婚礼上新郎穿的无尾礼服，求职时学生们穿的西服，七五三节①时孩子们穿的盛装，都是如此。如果平时没穿习惯，临时才穿这些衣服，会给人一种被迫而穿或者勉强之感，甚至让人怀疑这是租来的衣服。

衣服并不是买了就能马上穿得好看，商务时装更是如此。把得体的行为举止内化于心、外化于行需要时间，把衣服穿得好看得体同样也需要时间。

---

① 每年的11月15日是日本的七五三节，3岁、5岁的男孩和3岁、7岁的女孩会穿上传统的和式礼服，随父母到神社参拜，祈求身体健康。——编者注

综上所述，"关键时刻"才穿的制胜战服反而有可能会成为"致输"的衣服。制胜战服只有从平时穿起，才有可能成为"能赢"的衣服。

第 2 章

用“制胜着装”改变人生

这些不是天方夜谭，都是现实中发生的真实案例
—— 4 个因改变外在而实现梦想的故事

让医学生的成绩"一夜回春"的服装

在本章中，我将介绍一些按照未来理想的自己的形象来穿衣服，从而改变人生的真实事例。

服装的力量并不仅仅体现在商务领域，我们先从非商务领域的事例讲起。我在某医学院心理科听到过如下问题：针对学习成绩上不去的医学生，你认为提高成绩的具体方法是什么？听了答案后，我恍然大悟，觉得非常有道理。

答案是——让医学生穿上白大褂学习。

医学生穿着白大褂学习，能够强烈地感受到自己的梦想，学习态度会大大改善，成绩也就随之提高了。这正是服装的力量之一——角色代入之力。

我以前学过一些脑科学的相关知识。脑科学家认为，大脑是无法对"现实"和"想象"做出区分的。

运动员经常做的意象训练，也是利用了大脑的这一特点。运动员在脑海中反复想象自己"创造新纪录""获得金牌"等瞬间，他们的身心便会朝着这个目标努力迈进。

在运动员进行意象训练的时候，最重要的是要充分调动五官。想象一下，当你出色完成既定目标的时候，"你能听到谁的声音？那是种怎样的声音？""会与谁相拥？""能闻到什么气味？"通过展开丰富的想象，仿佛这些事情此时此刻正在发生，你的思维便开始自由驰骋。

因此，医学生换上白大褂学习非常重要。在换上白大褂的瞬间，他们的大脑会产生一种错觉，认为自己已经成了一名医生。而且，亲眼看到身穿白大褂的自己，学生的心气儿也会高涨。

与干劲儿不同，这种心气儿不会轻易消失。行动改变，结果自然也会随之改变。

这个例子告诉我们，重要的不是穿与现在的自己相匹配的衣服，而是要穿与未来理想的自己相匹配的衣服。

亲眼看到未来理想的自己，人们会不自觉地心跳加速。学生们如果看到自己身穿白大褂的样子，也一定会心潮澎湃，无法抑制内心的激动吧。

这种做法放在商务人士身上也同样适用。它无关你的过去，重要的是，未来的路你想怎么走？假设此时你正走在这条道路上，你穿的衣服是什么样的？不妨满怀期待地想象一下。

服装是帮助我们成为未来理想的自己的魔法工具。

▌ 因穿对衣服而成为人气演说家

接下来，我来介绍一下我身边那些因改变着装而改变了人生的人。

水野雅浩先生以"让健康成为企业文化"为理念，担任健康管理学校的管理者，同时在企业、行政机关、大学担任讲师，他就是因为穿对了衣服，人生也发生了改变。

我第一次见到水野的时候，他刚开始边上班，边做健康经营 ① 顾问。

---

① 由美国心理学家罗伯特·罗森塔尔（Robert Rosenthal）提出的概念，是指从谋求企业持续发展的目标出发，关注员工健康的经营手法。——译者注

我们第一次见面是在某个比赛的会场。比赛规则是在 10 分钟内将自己的理论知识转化为易于操作的技巧方法阐述出来。那个时候，水野的方法就已经非常完善了，就连我这个外行听了都觉得非常厉害。

水野的陈述热情洋溢，吐字清晰，抑扬顿挫，让人不自觉被深深吸引，同时水野本人给人的感觉十分开朗健康。

我不禁由衷感慨，这个人好厉害啊。我一度认为他肯定会在比赛中获胜，但水野却并未在那次比赛中夺冠。

比赛结束后，水野来找我并对我说："我对自己的技术绝对自信，演讲方式也经过了反复训练。对于这次演讲，我唯一感到不足的是身为一个健康经营专家，我并没有展现出应有的形象。"

那时的水野穿的是深蓝色夹克，内搭白色衬衫，没有打领带，服装搭配干净清爽，尺寸也很合适，并无奇怪之处。虽说他的造型没有问题，但确实让人感觉哪里有些不足。

于是，我问水野："作为健康经营专家，你想给客户留下一个什么样的印象？"

水野回答道："首先，自己要保持身体健康，充满活力。另外，作为健康经营专家，要有绝对的存在感。"

据此，我建议水野将自己定位为"以健康经营推动企业发展的承包人"，并建议他尝试将衣服换成深蓝色三件套西服，增加作为"承包人"的存在感和自豪感，再配上一条象征生命活力的红色领带。

然而，当我把这套西服交给水野后，我问他："怎么样？"他的回答让我感到很意外。

他说："我不能穿这套西服。"我问为什么，他回答道:"现在,我还什么都不是,也没有什么实际成就。这身西服展现的是未来理想状态下的我,现在的我还配不上这套西服。所以我不能穿。"

于是我说:"就当是欺骗客户,试着穿一次吧!"

水野虽然很犹豫,但当他穿着这身西服走上讲台后,他的人生开始发生转变。当天,在研讨会参会人员的介绍下,其他企业的研讨会也向他发出了参会邀请,之后他的事业进展越来越顺利。除了企业之外,来自行政机关、大使馆、海外大学等机构的讲座邀请及媒体节目的出镜邀约也接连不断。

水野原本就是一个优秀的人,他改变了外在形象,选择了更易于传达其内在价值的服装,进而将自己打造成让人记得住的"品牌"。要想拥有强大的品牌影响力,重要的是"决定好自己在顾客心中的形象""保持内在、外在和说话方式的协调统一"。

　　如今，说起健康管理，人们想到的就是水野，说起水野，人们想到的就是健康管理。水野成功地打出了自己的品牌，丰田集团、富士通、中外制药集团等著名企业纷纷委托其承担公司内部的研修培训，他的著作《在全球中获胜！30多岁商务人士"不发福""不疲劳"的7个习惯》曾在亚马逊综合排名中获得过第一名。目前，他的第五本书马上也要出版了。

　　现在，水野作为致力于提高企业业绩的健康经营专家活跃在大众视野中，同时面向升学补习班以"提高正式考试能力的健康习惯"为主题，在线上辅导全国补习班的老师、考生、家长。对于无法平衡健康和学业的考生和家长来说，水野的课程使他们茅塞顿开、受益良多，学员满意度超过了九成，课程受到了广泛好评。

▍助总裁恢复与下属关系、业绩逐年上升的服装

　　青电股份有限公司（简称青电社）总部位于名古

屋市，承接工厂和公共设施电气设备工程的设计、施工等相关服务，公司总经理北原直树通过改变外在的着装，促使其内在也发生了改变。

北原在他岳父创办的公司担任第二代总经理，一直以来都身居一线，亲自指挥，又因为接手后对公司进行了全面改制，他与其说是第二代总经理，更像是第二代创业者。

我与北原先生第一次见面是在 2014 年，这已经是好几年前的事情了。我们结识于爱知县冈崎市定期举办的一场订货会，那时候的北原担任总经理 3 年左右，他给我的第一印象是拥有极强的语言表达能力，能够用清晰准确的语言把自己的想法和感受传达给对方。他还有着与年纪不相符的沉稳，在任何场合都是个让人无法忽视的存在。

北原当上总经理后提出了"摆脱转包，走向总承包"的口号。只要和总承包方搞好关系，作为转包方北原就很容易拿到项目，但北原不愿这样做。北原认为，对待事业一定要认真，"因为是青电社，所以总承包方可以放心委托。我们对自己的技术和能力非常有自信，因此希望被直接指定为总承包人，而且我也不喜欢从别人那里求工作的感觉。"北原虽然有这样的想法，但公司里的下属有不同的想法。下属希望保持现状，北原则想更进一步，双方因此有了分歧，一着急，北原对员工难免有些言辞激烈。渐渐地，他与员工之间的关系就疏远了。

北原原本对着装并没有太大的兴趣，他认为从商场或者专卖店购买西服就足够了。但同时，他觉得我们的相识也是某种缘分，于是决定在我的 IL SARTO 定做一套西服。

我认为北原的魅力在于他执着于事业成果和质量的专业主义精神以及在任何时候、面对任何事情都能保持前进、绝不妥协的态度。因此，我将北原心目中理想的形象设定为"打开人才潜能的开关，像电灯一样照亮未来的青电社总帅"。

我为北原设计了一套充分展现总帅自信的深蓝色三件套西服，配上一条让人联想到生活中不可或缺的火和电的酒红色领带，最后点缀上让人联想到电源开关的袖扣，全套搭配就完成了。

穿着的舒适感和轮廓的美感带来的改变立竿见影。此外，北原还有一些其他变化：他渐渐开始磨炼自己的感性了。

北原说："以前，我觉得衣服都一样，只要能穿就行了，不太注重着装。但是，有了理想的形象后，我开始注意自己的形象和举止，还开始留意别人的举止和着装。"

人们一旦开始关注别人的打扮，反过来就会想

"别人是怎么看我的?""我想让他们怎么看我?"等很多之前没有意识到的事情,会变得越来越敏锐、感性。

变化不止于此。北原"为对方着想"的利他之心也越来越强。他变得更容易发现别人身上的优点,和员工及其他人的关系越来越融洽。通过改变自己,身边的人似乎也在发生着改变。

因此,北原在青电社的工作理念中增加了"培育充实的心灵"这一条。意思是,通过思考自己能为别人做些什么,人最能得到成长,那些只考虑自己的人永远也成长不了。

北原秉持着这个理念并坚持实践,员工的意识也发生了巨大转变。"我们公司充满了希望!""我深深感到我们公司有无限的潜力。"

如今,青电社的业绩逐年上升。北原和员工们正在携手"打造无关年龄,人人拥有梦想,互相鼓励,共同奔赴梦想的公司"的道路上努力奋斗着。

▌ 只用一件夹克成为电视评论员

西村博在德岛县经营着一家汽车销售、维修公司，同时从事发掘人才潜能、激活团队组织潜力的咨询工作。他定期制定新的目标形象并努力转变，以此推动事业的发展。

我和西村结识于 2017 年。那个时候，西村继承了父亲创立的西村汽车公司，通过重整衰落的事业，终于创立了自己的公司，建立了一个稳定的经营体系。四年过去了，突然有一天，我接到了西村打来的电话：

"下个月演讲会前，请帮我拯救一下形象吧！"

仔细询问后我才得知，西村竟已经成了 7 个孩子的父亲。他说："下个月有场演讲，我要讲自己抚养 7 个孩子的育儿诀窍，以及和妻子共同分担家务的事情，有没有与此主题匹配的衣服？"

接着他又补充道:"我是做汽车销售的,说实话我不太懂怎么选衣服,但还是希望能得到年轻妈妈们的共鸣,所以一直在想她们喜欢什么样的衣服,结果越想越迷茫。"于是我又详细询问了西村,终于找到了他关注的重点。

"我很注重表扬孩子。"
"我想被年轻妈妈们接受。"

于是我把西村定位为"7个孩子的父亲,日本首位表扬式教育顾问"。我为他选了一件女性容易接受且有亲和力的深蓝色夹克,一条完美衬托夹克的灰色西裤,最后配上一条让人联想到表扬和关爱的橙色领带,西村的理想装扮就完成了。

那天的演讲会有好几位登台演讲者,在演讲会的最终排名中,西村因抓住了在场所有妈妈们的心,遥遥领先,一举获胜。

西村获胜的事情被登上了报纸和杂志，知名度一下提高了，他还被选为某电视节目的常驻评论员。他做评论员有一个条件，那就是要穿深蓝色夹克、灰色西裤、打橙色领带。

西村正是因为这一独特的装扮而被媒体所认识。拿下这个节目后，西村的事业更加顺风顺水，学校-家长联合会（PTA）[①] 不断向他发出讲座邀请，西村成了名副其实的人气讲师。

西村如愿以偿，我想他现在一定很开心。但当我再见到西村后，发现他一脸愁容。

他说："只面向年轻妈妈这个群体是不行的。一直以来我只注重自己是否得到年轻妈妈们的共鸣，但这远远不够。今后，我想扩大帮助范围，全家人都要参

①　Parent-Teacher Association，是保护青少年的非政府组织。目的是加强学校、家长与社会的联系，以便互通情况，共同配合，关心学生成长，使家庭幸福。——译者注

与进来。公司也一样，员工也要参与，我希望大家每天都充满干劲。"

进一步了解情况后我才知道，西村以前不太相信自己的员工，也不擅长处理人际关系，一个人拼命工作，进展却十分不顺。后来，他通过根据员工的特点来分配适合的工作，并采用不同的打招呼方式，才让公司活跃起来。他说，今后想把这些技巧分享给其他企业，做这些企业的后援者。

于是，西村有了自己新的理想，改变了自己的目标和定位。他的新定位是"专业开创个人和集体光明未来的承包商"。西村的意愿是帮助人们找到各自的天地，通过为不同类型的人才分配合适的工作和进行能力开发，充分挖掘个人潜能，最终使集体大放异彩。

因此，我给西村推荐了深蓝色的三件套西服。这套西服给人以"充满希望、品位、创造力"的印象，这也正是西村新角色定位的关键词（如图 2-1 所示）。

图 2-1　穿上新西服的西村

现在，西村正在从事的工作有：分享和引入表扬文化、推进权限移交员工的经验，以及他从自身的经历中总结出的独立团队组建技巧。他面向企业的演讲和咨询业务不断增加，预约已经排到几个月后了。

▋ 用两种不同的着装，加速事业发展

最后要介绍的是铃木锐智先生，他根据不同工作场合与目的分别使用两种不同的形象造型，推进了事业的发展。

铃木原本是补习班的人气教师。后来，他撰写了《小论文大师教你写作的技巧》等多本畅销书，还常被日本NHK电视台邀请做问题解决专家。我和铃木是在2015年的一个饭局上认识的。一天，铃木发来一条短信："最晚到后天，你能帮我打造一个全新的形象吗？"

对此，我仔细询问他发生了什么事情。

铃木说："到目前为止，我的工作大多是与企业培

训相关的，比较严肃、刻板。但我最近马上要在《朝日小学生报》①上连载文章了，没有合适的照片，现在的照片还是用于企业培训的。老实说，为了不被大企业或同行瞧不起，照片给人的感觉更像是我处在战斗状态。但是，今后我的授课对象是小学生，继续用这张照片显然就不合适了。讲的内容和外在形象差距过大，我就很担心讲的东西不能准确传达出去……"

我认真思考了一番如何塑造铃木这次要扮演的角色。这次他的工作是要在《朝日小学生报》上连载文章，教小学生做口头报告的方法。最近的入学考试中似乎增加了口头报告这一项，于是口头报告变得重要起来。铃木认为口头报告的要点是：

(1) 不拘泥于常识和传统，灵活的思考方式。

(2) 培养自己得出答案的习惯。

---

① 日本三大热门小学生报纸之一。——译者注。

铃木认为，他的任务不是告诉学生们已有的价值观，也不是教他们向权威请教以得到答案，而是要告诉他们独立思考、独立行动的重要性。这才是铃木想向学生以及学生家长传达的内容。

所以，我将铃木这次的角色设定为"培养孩子独立思考能力的机智大哥哥"。

这个角色的塑造要点是知识能被快速传达并且通俗易懂。尤其因为这项工作的对象是孩子，所以造型必须更直观。就像教唱歌有唱歌大哥哥、学体操有体操大哥哥一样，首先要把他打造成"机智大哥哥"的形象。

铃木的任务是，培养孩子的独立思考和创造的能力，因此他的着装就要有以下三个特点：

(1) 大哥哥的感觉。

(2) 亲切感。

(3) 简单。

满足以上三点才可以让玲木既能够在父母和孩子之间产生共鸣，又让人觉得不愧是出演过 NHK 电视节目的人。因此，我为铃木搭配的是让人感到亲切又非常有质感的深蓝色夹克，不系领带以消除铃木本人的拘谨感。

过去铃木做企业培训时的形象造型是面向企业的，给人以有品位、庄重、自信的印象。但对孩子来说，庄重就意味着难以亲近。

即使是同一个人，只要改变外在形象，气场就会截然不同，由此传达出的信息自然也不相同。

在你改变形象之前，首先要想清楚自己希望和谁产生共鸣，然后再调整自己的形象装扮，这一点非常重要。铃木做企业培训时的形象造型是为了不露破绽而进行全副武装，《朝日小学生报》上用的形象造型则是为了增加亲切感，因而就要卸下武装（如图 2-2 和图 2-3 所示）。

图 2-2　做企业培训时穿的服装

图 2-3　刊登在《朝日小学生报》上的搭配

　　铃木说，与其说外在改变了人的内在，不如说外在跟上了工作的变化，让他在各个场景中都能非常自信从容地应对。虽然铃木刚刚开始做小学生报纸的业务，但一定能够引起孩子和家长们的共鸣，成为受欢迎的人气讲师。

　　让我们一起期待吧！

第 3 章
制胜着装法则

现在立即从细节着手，
避免给形象减分

1. 制胜着装尺码的选择方法

▍ 衣服穿起来舒服，说明尺码不合适

从本章起，我会介绍把衣服穿得得体的具体方法，以及失败的穿搭都有哪些共同点。

如果我们对"商务场合中的制胜着装"进行因数分解，可以得出以下公式：

制胜着装 = 款式 × 搭配 × 状态

(1) 款式指的是衣服的颜色和样式（包括尺寸）。

(2) 搭配指的是衣服的组合搭配。

(3) 状态指的是衣服的状态。

以上三要素对穿搭是否得体起着决定性作用。

制胜着装，即三要素的乘积。三要素缺一不可，都很重要。比如，明明款式很好，搭配也很好，但衣服的状态不好，就会使人显得邋里邋遢，其他的努力全都白费。

三要素中最重要的是款式。其中，款式中的"尺寸"尤其重要。现实生活中大部分人的衣服尺寸都不合适，这是因为大家更习惯穿得宽松一些。这是为什么呢？

请大家回想一下小时候父母是怎么给我们选衣服的吧！父母在给孩子选衣服的时候，首先考虑的是衣服最好能穿得久一点。孩子在发育期，身体长得快，这个时候如果选择恰好合身的衣服，没过多久就穿不了了。所以，要想把衣服穿得久一点，我们只能选择尺寸大一些的衣服。

于是，大部分人从小就穿大一些的衣服，在不知不觉中，穿大一些的衣服就变成了习惯，大多数人认定大一些的尺寸才是恰好合适的尺寸。这是原因之一。

但是穿宽松的衣服，并不是很好看，看起来人像是被衣服套着一样。

还有一个重要原因是，许多人不知道"穿着的感觉"和"看到的感觉"是有差异的。

我刚进入联合箭工作的时候，对西服一窍不通，当时的店长递给我一套西服，说："这件衣服的尺寸才是适合你的。"25 年过去了，我至今也无法忘记当时穿上那套西服的紧绷感。

当时，我的第一感觉是，"好紧啊，肩膀也太紧了吧，尺寸是不是太小了？"但照镜子，看着确实刚好。我不明白其中的缘由，但由于那会儿我在西服领域还是个外行，就接受了店长的建议，一直这么穿着。

渐渐地，我习惯了这种紧绷感，一开始还觉得活动不便，后来就活动自如了。而且不知为何，只有穿上这种尺寸的西服，别人才会夸赞我。由此我明白了："穿着的感觉"和"看到的感觉"是有差别的。

关于商务西服的尺寸，详见图 3-1 和图 3-2。

图 3-1　商务西服的合身尺寸　图 3-2　宽松的商务西服在工作中并不得体

西服就是这样，穿起来轻松舒服的尺寸，看起来大。穿着舒服就说明衣服的尺寸不合适。如果你想追求商务时尚，就不要考虑穿起来是否轻松。

反过来也可以说，你只要相信"看到的感觉"，以此来选择尺寸合适的衣服就能领先大多数人了。

▎不要让衣服迁就身体，要让身体迎合衣服！

我再讲一个关于选择衣服的原则，那就是如果让衣服迁就身体，一定不会好看。如果是在江户时代，人们就没有必要考虑这些了，但现在人们必须有这个概念。

在江户时代，人们穿和服，现在，人们穿洋服①。日本人穿和服的时候为了使和服更加合身，需要用带子或绳子把衣服与身体紧紧缠在一起。这样，不管原

---

① 与和服相对，指西式服装，如西服外套、西服裤、女士衬衫、裙子等。——译者注

来你是什么样的体形，都可以将和服调整到合身的状态。也就是说，和服的设计理念是让衣服迎合身体。

洋服没有带子或绳子，虽然有扣子，但扣子的目的是系住，而不是系紧。洋服原本就是要身体去迎合衣服的。

西服起源于英国，英国的西服"肩紧""领小""腰瘦"，为了紧致轮廓，彰显男性力量，西服剪裁大都比较紧身。英国绅士们为了把西服穿得好看，都会坚持健身。

其实，女装同样如此。大家听说过束腰吗？束腰是为了让腰部看起来更加纤细而将腰部紧紧勒住的一种内衣。在 19 世纪的英国，女性以拥有沙漏般的"细腰"为美，为了能穿上腰部纤细的礼服，她们用束腰强行改变自己的身材。

如今，穿洋服出席正式场合成为约定俗成的准则。

把洋服穿好看，可以说是商务人士必备的技能之一。如果还抱着穿和服时的那种让服装迎合身体的想法，是永远无法穿好洋服的。

因此，我们不应让衣服迎合身体，而要让身体迎合衣服。从今天开始，请你改变对着装的认知吧！

▊ 定做的西服越合身，看起来就越糟糕？！

前几天，一位客人站在镜子前试穿刚做好的西服并说道："哎呀，我都快认不出自己了！定做的西服果然厉害……量身定做的西服，版型竟然这么好。真的太让人惊喜了！"

听了顾客的夸奖，我也很开心，差点儿脱口而出："是吧！定做的西服就是不一样。以后，西服就请全部定做吧。"但我还是忍住了，因为这其实是个"彻头彻尾的谎言"。

　　西服版型好，穿上漂亮，不单单是西服的功劳，顾客坚持健身而练出来的结实的胸肌、挺翘的臀部，才是让西服穿起来漂亮的最大的原因。

　　因此，我坦率地说："您穿得这么好看，其实最大的原因不是量身定做，而是您的身体线条本身就很好看，这是您平时坚持健身的结果。"

　　只要量身定做，就能做出合身的衣服。合身的衣服确实穿起来舒服，不易疲劳，但未必穿起来漂亮。要想衣服穿出来好看，衣服本身固然重要，但仅靠这一点是远远不够的，拥有什么样的身材才是关键。假如你拥有演员西岛秀俊那样结实紧致的身材，那么定做出来的衣服，一定会既好看又舒适。

　　如果是为身材没那么好的人做衣服，又会如何呢？如果追求穿着轻松舒适，衣服穿起来一定不会好看。按照对方的真实体形做衣服，如大肚子的人，他的肚子还是会一如既往地凸出来；驼背的人即使穿上高档西服也毫无修身效果。举例来说，国会议员们穿的西服看起来都价格不菲，似乎也是合身的，但从美观角度来说，你觉得他们好看吗？

好看和舒适似乎有所关联，实则毫无关系。

一定要记住，如果你只追求轻松舒适，很有可能会严重影响美观。

▍身材瘦小的人穿大号的衣服会更显瘦小

每个人都有各自的容貌焦虑，比如自己看起来比实际年龄大、腿短、身材比例不好，等等。青春期的孩子更是极其敏感，我以前也因为自己"脑袋大、肩膀小"而感到非常自卑。

在学生时代，我的校服帽围约 60 厘米，而和我身高差不多的同学的帽围大都是 56 厘米左右。似乎是为了更加凸显头大，我的肩膀又偏偏很窄。因此，我被同学们称为"火柴棒"……哎，小朋友们起的外号总是那么直击要害。而且，由于我的肩膀窄，书包的肩带特别容易滑落。我常常感慨我的肩膀既不好看，又不中用。

高中的时候，我非常在意异性对自己的看法。我还记得当时班里最受欢迎的是后来成为音乐家的吉川晃司。他拥有宽阔的臂膀、结实的胸膛、精致的小脸，可以说他的外形近乎完美。

为了尽可能地向吉川靠近，我想，我可以借用妈妈的垫肩。我家是开服装店的，所以拿到垫肩绝非难事。但由于校服不是可以放垫肩的样式，所以在校服里无法固定垫肩。于是，我又想了一个办法：用胶水强行把垫肩粘在校服里面。放了整整一晚，垫肩总算是粘住了。我用不专业的笨拙手法，将垫肩粘得歪歪扭扭。可是校服加了垫肩后，导致我的肩膀看起来过于宽了，就跟《北斗神拳》里的健次郎一样：小小的身体，宽宽的肩膀，这么一来显得我的头更大了（如图 3-3 所示）。

图 3-3 身材瘦小的人穿大号衣服的样子

一个人越想隐藏什么，往往越容易引人注意。例如，身材矮小的人为了让身体看起来显得高大一些，特意穿大一号的衣服，衣服在身上晃荡，反而会让身体看起来更加瘦小。

因此，逆向操作才是正确答案。如果想让自己看起来高大些，就要选择小巧些的衣服。只有这样做，你的身体的线条看起来才会更美、更修长挺拔，整个人看起来也更高大。同样，腿短的人穿长裤子，则会显得腿更短。一切都是基于同样的原理。

男性莫把西服上衣穿成女装

看到身穿和服、脚踩旅游鞋的外国人，大家一定会感到十分惊愕："居然还有这样穿的！"同样，日本男性的一些穿搭西服的方式，在英国、意大利这些国家的人看来也会觉得"太奇怪了吧"。其原因大多是忽略衣长造成的。

　　衣长就是西服上衣的长度，指的是从脖子后面到外套下摆末端的长度。其实，衣长也是有规定的。

　　200 多年前，西服诞生于英国，经过屡屡试错，裁缝们最终才计算出最协调、最漂亮的衣长尺寸的黄金比例。当然，随着时代的发展，西服的比例多多少少会有一些调整，但基本上没有太大的变化（如图 3-4 所示）。

图 3-4　西服上衣长度的黄金比例

就衣长来说，能遮住穿着者臀部一半以上是最好的比例，过长过短看起来都不够协调。

在现实生活中，大街上、办公室里的商务人士的西服上衣有长有短。有些年轻的商务人士，西服上衣的长度过短，最下端还没到臀部；年长的商务人士，西服上衣的长度又过长，都快到膝盖了。总之，西服上衣太短显得轻浮，过长又很土气。

有些人认为西服上衣短一些可以显腿长。其实不然，硬把休闲裤往上提，就好像非要把它当作高腰裤来穿一样，会让你看起来非常滑稽。

相反，西服上衣过长则会让上半身显得很长，更容易暴露身材的劣势。协调感是商务着装的关键。如果是为了展现与众不同的个性或者是参加活动、聚会，任性一点儿没有任何问题，但如果你想打造有助于事业成功的公众形象，就一定要注意协调感的问题。

一位意大利朋友曾经一脸认真地问我："日本流行男扮女装吗？"

从西服的国际标准来看，长度不及臀部的夹克一般都是女性才会穿的，男性绝对不会穿。这就是遵循西服黄金比例原则而约定俗成的传统。我们留心观察一下出席国际会议的各国男性首脑的穿着就会发现，没有人会穿不及臀部的西服，因为这违反了商务着装的规则。

那么，为什么市面上会有长度遮不住臀部的男装夹克出售呢？说明这些服装的设计师并不清楚潮流时尚和商务时尚有什么区别，不知道西服上衣长度的黄金比例。

实际上，西服上衣的长度非常重要，哪怕只改变1厘米，整体的感觉都会马上不一样。为了在商务形象塑造中不出错，首先要知道自己的黄金比例，黄金比例一生受用。

符合黄金比例原则的西服上衣长度的计算方法有以下三个步骤：

(1) 身高减去 25 厘米。比如，身高为 170 厘米，减去 25 厘米，就是 145 厘米。

(2) 用上式得出的数值除以 2。145 厘米除以 2，等于 72.5 厘米。

(3) 上式得出的结果再减去 1。即 72.5 厘米减去 1 厘米等于 71.5 厘米。

最后，根据自己的体形进行微调。身材苗条的人，可以把西服上衣的长度缩短 1～2 厘米。标准体形的人保持原数值即可。体格健壮的人，可以把西服上衣的长度增加 1～2 厘米。

如果你去商场按照以上原则选购西服，即便不完全合适，也能找到长度相近的款式。

▌ 比起练腹肌，应该先练"衣肌"

就像我在前面讲的那样，为了把衣服穿得得体，在考虑你要穿什么、怎么穿之前，要好好塑造自己的体形，打好基础。首先你要改变既有观念，才能轻松地打造具有影响力和说服力的外在形象。塑造一个能最大限度发挥衣服潜力的身材非常重要。

可能有人会觉得："你说的是穿西服，我平时工作穿的都是 T 恤，所以塑身跟我没有关系。"抱有这种想法的朋友，听我慢慢讲。

在某种意义上，穿衣服就像化妆一样。妆化得越淡，皮肤的底子就越重要；同理，衣服穿得越薄，身材就越重要。

轻薄的 T 恤最能体现身材对衣服的影响。这与工作环境、场合无关，因此好好健身才是正道。

到了炎热的季节，当人们换上轻薄的单衣，身材好坏一览无遗。在寒冷的季节，人们穿得又厚又多，尚可用各式各样的衣服遮一遮身材上的缺点。如今，或许是因为全球变暖的关系，炎热的日子比以前更长，所以塑造好自己的身材越发重要。

随着年龄的增长，人体的新陈代谢减慢，不运动就很容易发福，男性的肚子又特别容易囤积脂肪。我经常想，如果肚子上的肥肉可以变成胸肌或腹肌就好了。

如果你的肚子上长了赘肉，穿上衣服后，轮廓就会走样。就算不是为了保持身材，从健康的角度出发，我们也要尽可能坚持去健身房锻炼。说实话，我很讨厌去健身房，因为我并不喜欢练肌肉，但因为裁缝的工作性质，我需要保持良好的外表（如图 3-5 所示），再加上为了健康着想，我不得不坚持去健身。我周围就有很多这样的人，他们和我一样也会定期去健身房锻炼。

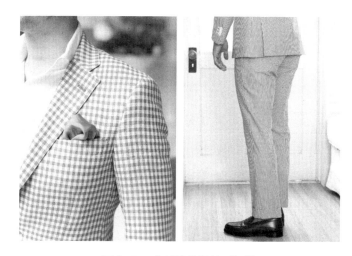

图 3-5　身材锻炼得恰到好处

　　至今为止，我为很多人量身定做过衣服，通过多年的实践经验，我悟出了一个道理：人有"衣肌"，练好原有的肌肉群可以让人把衣服穿得更好看。身体部位众多，但你只需锻炼胸部和臀部这两个部位就可以增强外在的说服力，整个人看起来就会很不同。当你的胸部宽厚适宜、臀部翘挺，衣服才会穿得更加好看有型。因为夹克、T恤这些衣服是以胸部为中心设计的，而裤装则是以臀部为中心设计的。

再补充一点，锻炼适度就足够，过度锻炼也会适得其反。因为，如果你的胸部过厚的话，即便衣服是定做的，也会因为胸部横向过宽而使衣服变形。

就练胸部而言，个人比较推荐哑铃和俯卧撑；如果你要练臀部，我觉得深蹲的效果很不错。

良好的体形有助于获取信任

我在前文讲了塑形的重要性。在本节，我想告诉大家体形的保持也非常重要。

保持一个固定的体形更容易被他人记住。有的人忽胖忽瘦，变化之大经常让人辨认不出。更何况，近年受到疫情的影响，人们在现实生活中又不常见面。如果体形变化太大，一段时间不见面的朋友走到面前认不出来，就太尴尬了。

保持体形，还可以给他人以安心感。如果实际见面后发现真人和社交网站上的照片完全不一样，难免让对方产生疑虑。

强迫自己关注体形的最简单的方法就是刻意不穿宽松的衣服。秉持身体要迎合衣服的观念，不要选穿着轻松舒服的衣服。正如在本章开头提到的那样，穿起来舒服就证明尺寸并不合适，说明衣服尺寸过大。

尺寸合适的衣服，不仅好看，还可以让穿戴者第一时间察觉到自己体形上的变化。

人一发胖，衣服就会变紧，这个现象等于在提醒自己要控制饮食。

曾经有一位瘦了 2 千克的客人，把自己所有裤子的裤腰都拿来让我收紧了 2 厘米左右。也许有人会想，

2厘米而已，没有专门改动的必要吧。殊不知，这才是保持体形的最佳方法。

被称为赛马界传奇人物的武丰，30多年来一直保持着同样的体重。当他被问到自己保持体形的秘诀是什么时，他回答说："我每天都在固定的时间称体重。"这样就可以知道做了什么样的运动、吃了什么东西后，体重发生了怎样的变化。

每天称体重很容易做到，希望大家努力坚持下去。

2. 制胜着装的挑选方法

▌ 现在马上扔掉黑西服

近年来，职场新人几乎都穿黑西服。1995年，我刚参加工作的时候，无论是新职员还是求职的人，大家都穿蓝色西服。如今，时代变了。

按照国际标准，黑色并不是商务着装的正确选择，说到底穿黑西服上班只是日本的本土规则。在日本人看来，无论参加葬礼还是婚礼，穿黑色一定不会出错。于是，这个理念也被应用到了商务着装中。而黑色本是丧事用色，只用于参加葬礼。在以前，黑色是喜庆场合的禁忌色，几乎不会出现有人穿着黑西服出席喜庆场合的情况。

而且，电影中的黑社会角色一定是一身黑的装扮，黑色也是公认的看起来令人感到害怕的颜色。

如果你迫不得已非要穿黑色西服，就要在服装搭配上下功夫，以中和黑色带给人的压迫感，这一点尤为重要。但请注意尽量有以下三种情况：

第一，不要搭配名牌产品。系上印有品牌标志的腰带，会让你显得浮夸招摇。

第二，不要一身黑：黑西服、黑皮鞋、黑衬衫、黑领带（如图3-6所示）。在我看来，能把一身黑的搭配穿得好看的只有男团放浪兄弟（EXILE）①。黑色会使人显得很严肃，你可以试着加入黑色以外的颜色加以中和。例如，搭配深褐色的鞋子或者包包，就会温和很多。

第三，不要搭配艳丽的颜色。系黄色或其他色调鲜亮的领带，都会让你显得浮夸庸俗。如果再戴上一条金项链，看起来更不像正经人了。所以，黑色西服要配色调柔和的领带。

选择无口袋的衬衫

在西服的发祥地英国，衬衫原本是被当作内衣来穿的，会客的时候，男性一定会在衬衫外面再披上一件外套或者马甲，衬衫不会成为服装搭配的重心。

---

① 日本株式会社 LDH JAPAN 的 19 人男子舞蹈、演唱团体，为 EXILE TRIBE 的团体之一。——译者注

图 3-6　看起来过于严肃的全黑搭配

因此，作为内衣的衬衫原本是没有口袋的。后来，追求功能性的美国人认为衬衫有口袋更方便，于是有口袋的衬衫才开始问世（如图 3-7 和图 3-8 所示）。

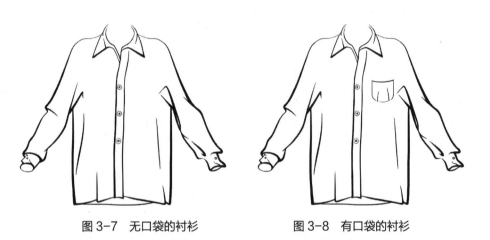

图 3-7　无口袋的衬衫　　　　图 3-8　有口袋的衬衫

虽然衬衫口袋可以用来放置物品（尽管我从来不认为该功能有多大用处），但它有两个缺点。

第一，衬衫口袋里装东西会让衬衫的版型走样，影响美观。在衬衫口袋里放入手账或名片夹，胸部那一小部分会被撑起来，导致衬衫的轮廓走样，影响美观。天气炎热时，很多人只穿一件衬衫，尽管有时他们也会在外面套上西服上衣，但胸部还是会被放入物品的衬衫撑得鼓起来，显得人邋里邋遢、不够精干。

第二，在口袋里装东西的话容易弄脏衬衫。很多人喜欢直接把笔放在口袋里，但又总是忘记盖上笔帽，这样做非常容易弄脏衬衫。也有为了扶正口袋里歪斜的圆珠笔，不小心挂坏衬衫的情况。

所以，我建议你最好选择胸前无口袋的衬衫。

▌ 线上工作时不要穿带小图案的服装

以前，人们上班的时候会换上西服。如今，这已经不是必须的要求了。在越来越多的公司，即使员工上班不穿西服也完全没有问题，现在有些员工甚至可以不用去公司，而是居家办公。不仅会议呈现出在线化的趋势，求职面试、跳槽面试的在线化程度也越来越高。

要想在网络时代更好地生存下去，你要练就即使在小小的画面中也能很好地传达自身价值的技巧。屏幕里，人们一般只会露出上半身，在这样的限制下，为了更好地展示自己，面部表情管理、肢体动作以及服装的选择都要符合线上工作的要求。

我们可以参考一下电视里的新闻主播，他们就可以做到让人专注于他们的上半身。

有一种放在西服上衣胸前口袋里起装饰作用的方巾（如图 3-9 所示），叫作口袋巾。电视上的新闻主播通常喜欢把它折成正方形再插进口袋，因此，这种折法也被叫作"TV 折法"。同时，化妆师会在主播脸部附近点缀白色系物品，起到类似打光板的作用，衬得肤色更加漂亮。

图 3-9　口袋巾的佩戴效果

　　当人们因公进行视频联络时，还要注意尽量避免干扰物出现在画面中。比如，如果身后晾着洗好的衣物，就会不自觉分散屏幕对面的人的注意力。

　　如果你穿的衣服款式不当，也会变成一种干扰物。带小图案的衣服就是其中的典型代表，比如细格纹、条纹、千鸟格，等等（如图 3-10 所示）。之所以说这些图案不适合在进行线上会议时穿，是因为透过屏幕，这些图案会变形，使对方感到眼部不适。

图 3-10　不适合线上工作时穿的衣服

　　同样，选择视频连线时佩戴的领带也应遵循同样的原则。带小花纹的领带会晃眼，一定不能选，因为领带刚好位于屏幕正中间，位置非常醒目。

最适合视频连线时佩戴的是纯色领带（如图 3-11 所示）。视频画面不会因图案变形而模糊，且纯色具有强化信息的作用，可以有力支撑讲话内容。要注意的是，领带的领结部分一定不能松松垮垮。特别是在只有上半身的画面中，如果领结松了，会显得人邋遢，不精神。

图 3-11　适合线上工作的纯色领带

说得夸张些，只要上半身穿得完美，下半身就算穿运动裤或短裤都没关系，注意不要让它误入镜头就好。曾经有一位英国的新闻主播因不小心让只穿了内裤的下半身误入了镜头，闹了笑话。

▌Cool Biz①（清凉商务）的关键 —— 衬衫领子

Cool Biz 目前在日本已经完全固定化。日本环境省规定的 Cool Biz 运动从每年的 6 月 1 日到 9 月 30 日，共计 4 个月，但实际情况因公司而异。在日本，据说也有公司从 5 月黄金周的末尾一直到 10 月底都在实行 Cool Biz。

Cool Biz 并不是单单指脱掉西服上衣、解下领带、只穿件短袖衬衫那么简单，它和在周末穿的休闲装更不可混为一谈。

① Cool Business 的简称，一场由政府发起的运动，由英语 cool（凉爽）和 business（商业）两个单词组合而成，号召上班族在夏季脱掉西服，解开领带，身着轻装上班。——译者注

你知道 Cool Biz 中 Cool 的含义吗？它除了有"凉快"，还有"时髦、好看"的意思。

Cool Biz 并不是单纯追求凉快、舒适，同时还要保持商务时尚最低限度的礼节，只有同时做到这两点才是真正的 Cool Biz。

有的衬衫非常适合用来当作 Cool Biz。其设计灵感来源于夏威夷衫和冲绳花衬衫①。这类衬衫可以代替西服上衣，它与以往衬衫的功能不同。

这类衬衫可以代替西服上衣的原因在于它们具有单品性。单品性是指衣服可以拿来单穿，例如，可以单穿的夹克、休闲裤等。没有单品性的衣服是指不能直接拿来单穿的衣服，比如三件套西服中的马甲。

---

① 冲绳的传统服饰，开襟短袖设计，左胸前有个口袋，多印有冲绳特色的苦瓜、香檬、狮子等图案，呈现出冲绳丰富多彩的亚热带风情，以及冲绳人对生活的热爱。——译者注

正是因为夏威夷衫和冲绳花衬衫都具有单品性，所以可以代替休闲夹克西服。

话虽如此，但在工作中穿夏威夷衫或者冲绳花衬衫的机会毕竟是少数。那么如何不借助外物提高衬衫的单品性呢？这就要看衬衫领子的形状了。衬衫领子的形状分为两种，一种是适合打领带的领子，另一种是不适合打领带的领子。

如果你穿了适合系领带的衬衫却不系领带的话，会让对方误以为你把领带解开了。如果不想系领带，衬衫的领子就要带有"表情"，比如稍微高一些或者宽一些。当你购物时，对店员说"我想买温莎领①的衬衫"，相信对方马上就会明白（如图 3-12 所示）。

但是，衬衫的领子若是过高过宽也不行，会显得过时、老气。

---

① 也叫一字领。左右领子的敞开夹角在 170°~180°。

图 3-12　常见的衬衫领子（左）和温莎领（右）

3. 制胜着装的购买方法

▎商务着装要在工作日的白天购买

　　购买商务着装有适合和不适合的时间段。周末和节假日不适合购买，工作日的白天适合购买，理由有以下三点：

(1) 商务着装的选购就是工作的一部分。

(2) 商场顾客少。

(3) 身上穿着商务着装。

大家可以通过学习各种各样的知识来提高自己的商务技能，比如说话方式、市场营销、资料制作、外语，等等。其中，展示汇报是不同行业的商务人士必备的能力，而你的外在形象也是展示汇报的一部分。即使陈述同样的内容，如果你面对的人群不同，采用的表达方式也应完全不同。让自己的外在具有说服力，更易于展现自身价值，这一点对推进事业取得成功有重要的战略意义。

当你把挑选衣服当作一项重要的工作时，其优先性也会发生改变。选购衣服不再是休息日空闲的时候可以草草解决的小事，需要认真地制订计划。有了这种认识上的转变，你对自己的形象也会越来越有想法。

由于受到疫情的影响，现在服装店的顾客比较少，尤其是工作日的白天，店里尤为空荡。店员可以认真周到地为我们提供细致入微的服务。

假期服装店里顾客较多；开店前后有很多事务性工作需要做；下班之时，店员们往往匆忙收拾准备关店。这些时段，顾客无法慢慢挑选，店员也很难服务好每一位顾客。因此，这些时段并不适合选购商务装。还有，你最好选择对商品非常熟悉、有经验的资深店员，而店里人多的时候就无法自主选择店员来为自己服务了。到了月末，为了完成销售额，店员有可能会强行推荐商品。综上可知，工作日的白天选购衣服比较适合。

为了买到尺寸精确的新装，穿着商务着装去购买十分必要。无论是成衣还是定做的服装，尺寸都是以毫米为单位进行调整的。我们穿着平时在商务场合穿的衣服去选购新衣服，首先尺寸不会选错；其次，通过展示自己日常工作时的穿衣风格，店员也能更好地为我们进行推荐。而休息日特意换上工作时穿的商务着装也很麻烦，所以当你要选购商务着装时，最好在工作日直接穿着商务着装前往。

"真""假"店员要明辨

"我不太擅长应对服装店的店员"，很多人应该都有这样的困扰。作为服装行业的资深从业者，我亦是如此。在时装店，你只要稍微看一看，店员就会马上走过来询问："您想要买什么呢？"大多数人会说，"没有没有，就是随便看看。"说着便觉得不自在，转身想要离开。估计有很多人都有过这样的经历吧。

以前，我也是这样的店员。上大学的时候，我在联合箭的涩谷分店打工。当时联合箭的店铺还不像现在这么多，只有寥寥数家。联合箭可以说是开启了精品店的热潮。它站在时尚最前沿。店内，来自世界各地最流行的商品琳琅满目，可以说这里是潮流的发源地。

来联合箭买衣服的顾客基本上对衣服都非常讲究，店里的店员们也有着"我们创造着时代"的强烈的自豪感和专业意识。当时联合箭的很多公司成员现在依旧活跃在服饰业的第一线。虽然那时候我只是个在店里打工的大学生，前辈和领导对我也会毫不留情地严厉训斥："只要在我们店里工作，就算你是兼职，也一样要做到专业！""时刻提醒自己，你背负着联合箭的名声。"经常是我一上班，他们就会对我的造型进行一顿猛批，从上到下逐一否定。

那时，我的工作每天都从挨批开始，我很讨厌这样的批评，甚至整个人因此有些神经衰弱。但这种做法确实捍卫了联合箭的品牌形象。

看到联合箭有如此专业的店员，我对店员的认知也发生了 180 度的大转变。在此之前，我一直认为店员想的只是"怎样才能把店里的商品卖出去"之类的问题，但在联合箭却不一样。他们不是单纯地在售卖商品，而是在认真地思考如何为顾客提供更好的帮助，并在工作中不断践行这一理念。

与传统店员相比，联合箭的店员主要有以下三点大的不同。

第一，不为了售卖而售卖。

顾客之所以觉得店员不好应对，是因为总有种被强行推销之感。如果店员一味强调手中急于出售商品的卖点，顾客就会退却。联合箭的店员不会强行推销，而是致力于正确传达商品的价值。因此店员不会只介绍该商品的优点，顾客有顾虑的地方也会一并如实告知。只说漂亮话的店员是可疑的。

第二，实事求是。

相信大家一定遇到过这样的场景，当自己试穿好衣服站在镜子前的瞬间，发现明明连尺寸都不合适，店员还是会夸张地惊呼："这件衣服简直太适合您了！"这样的店员也不值得信赖。在联合箭，店员一定会向顾客明确指出着装的问题所在，并说明理由。

第三，穿着干练。

专业店员的穿着打扮一般都非常干练、讲究。用最佳的方式展示本品牌的风格和形象，并熟知穿着和搭配方法，是一名合格店员的基本工作能力。出乎意料的是，现实生活中很多店员却并非如此。在体育界，有些教练、指导，自己不会，教得却很好。这一点在服饰业并不适用。如果店员打扮俗气，从他那里买东西的人也一定会穿得俗气。

对照以上几点，明辨"真""假"店员，从"真"店员那里买衣服吧。

▌ 让店员成为自己的专属造型师

如果可以遇到"真"店员，毫不夸张地说，那将是场命运般的相逢，很有可能颠覆性地改变你的外在形象，成为你走向理想人生道路的重要契机。

通过对联合箭专业店员的观察，我最大的感触就是他们在工作中与顾客建立的关系超越了单纯的买方和卖方的关系，更像私人医生和患者的关系。在我看来，只要和服装相关，顾客有任何自己拿不准的事情或是无法判断的事情，都可以同他们商量。

店员感到自己被顾客依赖时，也会更加充满干劲，努力了解顾客"是做什么工作的"，"有什么样的想法"，"今后有什么计划和打算"，并迅速列出这位顾客迄今为止的物品清单，甚至连尺寸都完美地记在脑子里。

我打工的时候，店里有一位名叫 I 的店员，非常有名。他本人非常时尚，在服装搭配方面的知识储备也极其丰富，可以说只要和时尚相关就没有什么是他不知道的。他拥有好几十位忠实的老顾客，他们都只从他那里买衣服。哪怕是一块手帕、一双袜子，他们也一定要经过 I 的认可才会放心购买。

I 的客人还会带朋友一起来，并对朋友这样说："我来介绍一下，这位就是我的专属造型师！"

说到造型师，很多人认为只有演员、模特才能拥有，其实我们普通人也可以有自己的造型师，而且还是免费的！

只需要把像 I 这样优秀的店员拉拢到自己身边，把他当作自己的专属造型师就可以了。具体有以下两个步骤。

(1) 找到可以信赖的店员。

(2) 不要把对方当成店员。

为什么说"不要把对方当成店员"呢，这是为了让双方从卖方和买方的关系中跳出来，把店员当成造型师。

以名字称呼店员，对店员打开心扉，自己工作当中的事情也可以跟他聊一聊。你们聊得越多，关系就越深，对方也会渐渐变得如同朋友一般。

理发师只要做出一次让你满意的造型，就会理解你的喜好。再去的时候，即便你什么都不说，他也能剪出你喜欢的发型，自然而然地，你就会只找他做发型。

买衣服也是这样，找固定的人买衣服很重要，店员获得了认可，一定会更加卖力地提供服务。

希望大家都能遇到可以和自己畅谈服装的店员。

4. 制胜着装的搭配方法

▌休闲夹克西服和西服上衣本就不同

我在工作中经常穿三件套西服。三件套包括西服上衣、马甲（也叫坎肩或西服背心）和西裤（也叫板裤）。三件套西服是公认的商务场合最正式的搭配。

随着时代的发展，三件套西服逐渐被简化，只有西服上衣和西裤的套装（两件套）成为主流。因此，现在大部分人认为西服就是两件套。事实上，西服原本指的是三件套。如今，就连两件套中的上衣和西裤也经常被分开来穿了。

大体来说，商务装可以分为以下四种搭配风格：

(1) 三件套。

(2) 两件套。

(3) 休闲夹克西服、单品西裤。

(4) 衬衫（包括 T 恤、polo 衫等）、单品西裤。

其中最正式的是三件套西服，最休闲的是衬衫和单品西裤的搭配。越休闲，其单品性也就越强。

这里我要说明一点，并不是正式就一定好，休闲就一定不行，这里主要是列出四种不同风格和特点的搭配。

三件套西服最好整套穿，不推荐将其分别作为单品来穿。另外，三件套也好，两件套也好，其单品性都不高，不建议把西服上衣和西裤分开来穿。

到了 Cool Biz 的季节，不穿西服上衣，只穿西裤的人给人感觉很俗气，原因就在于此。

如果你想着"今天轻松些，穿办公休闲装吧"，只把三件套中的夹克换成休闲夹克西服来穿是绝对不行的。三件套和休闲夹克西服的氛围感完全不同，缺乏单品性，看起来会显得土。

　　休闲夹克西服的材质多样，比西服套装更有季节感，穿法灵活，但与此同时也需要考虑搭配是否得当。

　　西服上衣虽然不像休闲夹克西服那样款式风格多样，但是不用考虑搭配问题，穿起来也很轻松、方便。选哪种风格是个人的自由，但一定不要将三件套或两件套的西服当成单品去混合搭配。切记，不要混搭，这很"危险"。因为休闲夹克西服和西服上衣本来就是两种衣服。

▌ 对西服内搭羽绒背心说 NO！

　　尺寸、材质和颜色，是服装的必备三要素，其中最难以把握的就是材质。尺寸靠大小、颜色看深浅便可感知，材质则有些不好判断。那些看起来土里土气、衣品不怎么样的人，多半是不懂得如何选择服装的材质。

　　人的气质各不相同，这是非常感性的判断，但人们对"这个人的衣品不错""那个人的衣品差点儿意思"

之类的好坏评判，在多数情况下又是一致的。那么，是什么造成了"不错"和"差点儿意思"两种截然相反的结果呢？或者说，是什么"将有说服力的外表和没有说服力的外表区分开来"的？答案就是，穿着搭配美观得体的人，其衣着材质的季节感是统一的。

一个常见的例子就是西服里面不可以穿厚重的针织衫。西服面料一般都很薄，不适合冬天穿。而针织衫质地厚重，两者的季节感不同。在一套搭配中混入了春、冬两季服装的材质，就会显得略失和谐，差点儿意思。我在前面讲的"不要混搭"的原则，同样适用于西服材质的搭配。

另外，"正式"与"休闲"也不能混搭。如果你要穿针织衫，外面搭配冬季穿的休闲夹克西服才是正确的。

在西服里面穿羽绒背心也是冬天较为常见的搭配。

我承认这么穿确实非常暖和，但看起来真的不太协调，所以我认为最好还是不要这么穿。

▌ 如何干练地挽衬衫袖子

多数商务人士夏天爱穿短袖衬衫，应该不是因为它好看或者不好看，而是因为它凉快、舒服才穿的。这么做是优先考虑了自己的穿着感受，但我猜没有人是因为好看才穿短袖衬衫的吧。

好看与否在很大程度上只是一种主观判断，我们可以试着换个角度，从穿短袖衬衫能否让人具有说服力这一层面来思考。

试想一下，政府要员穿短袖衬衫召开记者招待会是怎样的场景。是不是感觉哪里怪怪的，而且人看起来也没有什么精神？这种违和感的根源在于皮肤裸露的程度。裸露的皮肤越多，越给人松松垮垮的印象。不管台上的人讲得多么精彩，都不够有说服力。

乔布斯穿黑色毛衣演讲，还能保持强大的气场氛围，就是因为他露出的皮肤少。

减少皮肤的裸露，是穿出完美商务装的一条铁律。

而且，腿毛、腋毛、鼻毛也不能暴露在外。胡须根据其展示方式的不同可以是"良药"，也可成为"毒药"。

所以，我推荐大家夏天也穿长袖衬衫。同时长袖还能起到防晒的效果。

然而，天气一热，人们就会忍不住想把衬衫袖子挽起来。袖子如果挽得太高，既会增加暴露在外的皮肤面积，还会让人觉得他像个中年大叔。

我的一位意大利朋友曾对我说："日本人不太擅长挽衬衫袖子，我教你一种看起来优雅又帅气的挽袖子方法吧。"现在，我将图文并茂地把他的方法介绍给大家，这样挽出的衬衫袖子不会显得人邋遢没精神（如图 3-12 和图 3-13 所示）。

帅气地意式袖子挽法有以下四个步骤：

步骤 1

将袖口（即盖住手腕的部分）
的一半向上折回

步骤 3

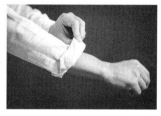

只折回三次，皮肤露得越多
越容易显得人邋遢、没精神，
所以绝对不可以露出肘关节

步骤 2

再次折回同样的宽度，不要解
开袖扣，这样也可以防止袖子
挽得过高

步骤 4

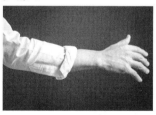

挽到肘关节前一点就可以了

图 3-12　意式风格：帅气干练的袖子挽法

帅气的意式袖子挽法大功告成！

常见的难看的袖子挽法

图 3-13　袖子挽法的不同效果

无论何时
都想穿在衬衫里面的单品

在西服的故乡英国，夏天基本上是很舒适的。而日本与英国的气候不同，夏季高温潮湿，人们动辄就会大汗淋漓。穿着汗津津的衬衫，实在与干净清爽无关。

如果透过被汗水浸湿的衬衫，被人看到穿在里面的背心，又让人觉得土里土气。

此外商务人士还要注意一个大问题——乳头很容易显现。生活中偶尔会看到有人穿着衬衫，乳头隐约可见。在通勤的电车里，如果汗流浃背的大叔的乳头若隐若现，可以说是对女性构成性骚扰了。

为了避免这种情况的发生，建议大家在衬衫里面穿一件隐形内衣。我个人比较推荐 GUNZE[①] 旗下的

①　创立于 1896 年，是日本一家从事蚕丝制品开发的百年企业。——译者注

SEEK 牌内衣①。SEEK 牌内衣具有吸汗、隐形、不会透出乳头、防臭、衬衫不容易脏等多种优点。虽然它看起来有点像妇女穿的 T 恤，单穿不太好看，但是穿在衬衫里面非常实用，也不影响美观。

不光是夏天，我一年四季都会把 SEEK 牌内衣穿在衬衫里面，衬衫的穿着寿命也因此大大延长。

▌身高不同，领带却不分长短，
▌如何解决这一矛盾

日本人中，既有身高 150 厘米左右的小个子，也有将近 190 厘米的高个子。

而商场出售的领带却都是一样的长度，国产领带一般是 148 厘米。那么，对于不同身高的人来说，领带就会出现过长或过短的情况。

---

① 由 GUNZE 衍生出的内衣品牌。——译者注

相比品牌和图案，领带的长度更为重要。一般来说，领带大剑（领带宽边一端）长度到皮带处为宜。

若是领带大剑的前端和领带小剑（领带窄边一端）的前端刚好处于同一位置，则更为理想。不过，要想把握好这一点，只有身高在 175 厘米左右的人才能做到。

那么身高不是 175 厘米的人应该怎么办呢？其实，领带的大剑和小剑的前端并非一定要对齐。要优先保证大剑的长度，大剑前端要刚好盖过皮带。

我的身高是 170 厘米，属于身材矮小的类型，在打领带这一点上，我通常采用的方法是把小剑折起来塞到领带背面的结环里，这样就可以避免从正面看到小剑。

日本搞笑组合 Down Town 的成员松本人志（身高 173 厘米）常把小剑塞进衬衫里。这个方法也很好，不过有个缺点：活动的时候，稍不注意领带就会跑出来。

身高175厘米以下的男士可以这样打领带：把小剑折回塞在背面的环结里，大剑前端刚好盖住皮带，这样也可以防止小剑从大剑后面跑出来。

不过，对于身材高大的人来说，小剑的长度又不太够，这就无能为力了。此时，你只需保证大剑的长度，将其前端调整到腰带处即可。

很多品牌的领带，都有长度在150厘米以上的款式。另外，如果定做的话，就可以自由选择领带长度，其价格和成品领带也不相上下。有时间的话，大家可以研究一下进口品牌的领带或考虑定做领带。

▎ 穿上系带鞋，身姿会更美

由于工作关系，我比较关注周围人的言行举止，我发现举止优雅的人的服装状态往往也很好。我们只要观察服装的状态，这个人平时的举止如何也就一目了然了。服装状态不好，说明这个人举止肆意而粗鲁。服装如实反映了一个人的生活状态。

特别是在地铁或公交车上，你会发现驼背的现象非常普遍。不管是坐着的人还是站着的人，只要在看手机，基本都会驼着背。

要想把衣服穿得好看，良好的身姿体态格外重要。驼背等不良体态会让人显得老态龙钟。相反，若是体态挺拔优美，人看起来也会精神抖擞、充满魅力。而且，挺拔的身姿在视觉上还有增高的效果。

走路的姿势也是影响体态的一大重要因素。如果你低着头，步伐有气无力，看起来就是一副垂头丧气、没有自信的样子。另外，改变走路姿势还可以提高我们身体的基础代谢，有助于紧致身材。

要想以正确的姿势走路，你需要做到以下四点：

(1) 挺直腰身。

(2) 打开双肩。

(3) 挺胸。

(4) 伸直脖子，站得笔直。

挺直腰身和打开双肩，可以帮助你伸展肌肉，平时就要多加练习。做挺胸的动作时，你可以想象一下奥黛丽组合①中春日俊彰②的标志性挺胸抬头动作，你还可以试着做得略微夸张些感受感受。想要伸直脖子，站得笔直，你可以联想一下提线木偶被从上面吊着的样子。

改变体态谁都可以做到，而且这种改变的效果立竿见影，还不花一分钱。一定要时刻保持优美的体态。

---

① 日本搞笑二人组合。——译者注

② 日本搞笑艺人，奥黛丽组合中的装傻角色。特征造型为：穿粉色马甲，发型为二八开，把鬓角削尖；走路时会夸张地挺胸抬头。——译者注

最后，我要说一下鞋子。优美的走路姿势和一双完美的鞋子密不可分。事实上，鞋子分为两种，一种是穿久了会走样的鞋子，另一种是怎么穿都不易走样的鞋子。在商务场合，我建议你选择不会变形走样的鞋子，因此，一双系带鞋绝对是你的最佳选择。鞋带可以使脚与鞋子更加贴合，这样脚部不易感到疲累。运动员穿的鞋子都有鞋带，就是这个原因。

无带鞋有两个典型代表——懒人鞋和乐福鞋。懒人鞋的英文是 slip-on，源自 slipper（拖鞋），也就是像拖鞋一样的鞋子。懒人鞋适合在室内穿，它并不是为长时间在户外穿而设计的。试想一下，如果穿着拖鞋在外面走一整天会如何呢？脚部由于没有保护，不仅会感到非常累，走路的姿势也会变得很奇怪。

乐福鞋也一样，它起源于农夫在挤奶场前面的奶牛等待区穿的工作鞋，其构造并不是为了便于在外面来回走动而设计的。

　　走路姿势优雅的人，大多穿的都是有鞋带的鞋子。反过来，穿没有鞋带的鞋子，则很难长时间保持优美的走姿。穿西服就要穿系带鞋，这是一条基本规则，其原因就在于此。

　　穿系带鞋，不仅美观，还能让你保持良好的身姿体态，有助于身体健康。

▌"不会发声"的鞋子不要买

　　平日里，我和企业高管接触得比较多，就在前几天，我发现那些气场强大的高管身上都有一个共性，那就是鞋带不会松。

　　那么，怎样才能让鞋带不松开呢？以下两点非常关键。

　　(1) 鞋带的系法。
　　(2) 鞋子的尺码。

　　大部分人都没有学过鞋带的正确系法。大多数家庭都是父母教一教，然后孩子凭感觉随便系一系。如果父母的系法是错的，孩子的系法自然也是错的。这是导致人们鞋带易松开的第一个原因。

　　鞋带的功能是为了使鞋子与脚更加贴合。看过电影《角斗士》（Gladiator）的人应该都知道，从古罗马帝国时代起，人们上战场参加战斗前就会系紧鞋带。在商业竞争中，同样需要一决高下，为了能够临场发挥好，你最好事先知道鞋带的正确系法。

　　在我讲鞋带的正确系法之前，请大家思考一下，什么人最怕鞋带松开？毫无疑问是运动员。对于马拉松选手来说，如果在比赛过程中鞋带松开了，那将是一个大事故，会影响比赛成绩。

　　因此，从运动员那里学来的防止鞋带松开的系法最行之有效。这里教大家两种适用于商务鞋与运动鞋的简便系法。

"交叉结"又叫"运动鞋结"，系法随意，给人以轻松之感。鞋带自上向下穿过，所以鞋带的正面和背面会交替露出，注意鞋带要平整，不要扭来扭去（如图 3-14 所示）。如果是较为正式的鞋子，我比较推荐大家用"平行结"，也叫"直结"，这是一种在正式场合穿的礼服鞋中最常见的系法。鞋带水平(平行)排列，简洁流畅是其最大的特点。这种系法可以很好地平衡左右力量，因此不易松动（如图 3-15 所示）。

鞋带会松开的第二个原因是鞋子的尺码不合适。鞋子尺码过大，容易与脚分离，走路时需要花更多的力气来控制鞋子，鞋带就容易松开。

想要判断鞋子尺码是否合适，在不解开鞋带的情况下看看自己是否可以穿脱鞋子是一个简单的方法。如果可以穿脱，就说明鞋子太大了。前面也提到过，

图 3-14　交叉结

图 3-15　平行结

鞋带的作用是使脚和鞋子更加贴合。如果不解开鞋带就能够自行穿脱，要鞋带有何用呢？

而且鞋子不合脚，还会给脚部带来额外的负担，不仅走路辛苦，容易疲劳，对健康也不利。

穿得轻松并不代表尺码恰好合适，大多数情况下反而说明尺码偏大，在这一点上鞋子和西服是一样的。我在前面讲西服的部分提到过，这是人们小时候的经历带来的错觉。有些人小时候因为身体长得快，家长总会给他们买大一号的鞋子，所以他们就一直误以为大一号的鞋子才最合适自己。

尺码合适又合脚的鞋子，上脚的瞬间会因空气流通而发出"咻"的一声。因此，我们可以通过穿鞋时鞋子是否发出了"咻"的一声，以及不解开鞋带是否就无法穿脱这两点，判断鞋子的尺码是否合适。

此外，合脚的鞋子表面绝不会产生过多的褶皱。

只要鞋子大小合适，就不会给脚部带来不必要的负担，鞋子表面也可以保持漂亮整洁，不会产生多余的褶皱。

5. 制胜着装的"护理"方法

▌ 不要让衣服"休息"

我在前文已讲过，对"商务场合中的制胜着装"进行因数分解，可以得出款式、搭配、状态三要素。本节终于轮到讲"状态"，即衣服的状态了。

即便对"款式"起决定性作用的服装的版型和颜色再好，服装"搭配"再完美，如果衣服的"状态"不好，那么一切都是徒劳。

衣服的"状态"好比人的健康。命数已尽的衣服，绝无可能再穿出强大的气场。

说出来可能会令人感到不可思议，如果你要想延长衣服的寿命，其中非常重要的一点是不要让它们休息太多。当然，这并不代表你每天都要穿它。

请大家想象一下，如果你是一名服装设计师，你在设计服装的时候脑海中会想象什么样的场景？或许是客户穿着它正大大方方做汇报展示的场景，又或许是客户穿着它在重要的商务会谈中自信满满、侃侃而谈的场景。总之，你一定会想象客户穿上它的样子和场景。

但实际情况又是如何呢？比起穿在身上，许多衣服放在衣柜里的时间反而更长。换季后，许多衣服更是半年以上都不会再穿，有的甚至就这样被人们遗忘在衣柜深处。

如果你注意到了这个事实，就一定能找到延长衣服寿命的窍门，也就是衣服被放在衣柜期间，不要让它"休息"，要尽可能模拟衣服被人穿在身上的状态。

这一点，可以在商店的商品陈列方式中得到证实。对商店来说，如果产品还未出售寿命却缩短了，那可是个不小的问题。服装一旦受损，就意味着不得不折价出售。

对于以上问题而言，特别需要你注意的是西服上衣。西服上衣版型立体，如果家里的西服上衣和店里的存放方法不一样，其寿命便会大大缩短。

那服装店是怎样存放西服上衣的呢？在服装店，店员绝对不会把西服上衣叠放在架子上，而是会把它挂在厚厚的衣架上。

其原理就是为了创造近似于衣服被穿在身上的状态，也就是用衣架模仿人的肩膀，把衣服撑起来（如图 3-16 所示）。

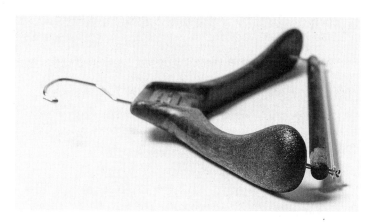

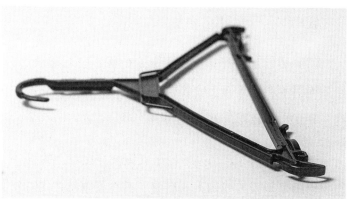

图 3-16　两种厚度不同的衣架

因此，建议你在家中收纳西服上衣的时候也要尽可能地照做，使用有一定厚度的衣架，使西服上衣保持更接近人穿着的状态，可以更好地保持西服上衣的版型，从而延长其寿命。

这和人们喜欢投资床上用品是一个道理。拥有良好的睡眠就能延长寿命，好的衣架就像好的床上用品一样，可以让衣服更好地"休息"，延长其使用寿命。

▌ 车中常备晾衣架

由于职业关系，上下班的时候，我会特别注意看电车中商务人士的穿衣打扮，观察很多细节，思考如果是自己的话，会如何加以改造。我常常想到停不下来，并深深乐在其中。

无论你穿什么衣服，对方首先看到的都是肩部。尤其对西服来说，肩部就是命根子。肩膀的形状，包括肩部的宽度、角度和厚度等，对衣服的款式起决定作用。为顾客定做西服时，我最先测量的部位也是肩部。如果不先定好肩部的细节，其他部分根本无从谈起。

但是，很少有人明白肩部的重要性，也只有少数人才知道西服的灵魂在于肩部。

因此，我们时常会看到很多人满不在意地穿着西服，身上还背着双肩包。包包背在肩上，会给肩部带来不必要的负担，导致西服走形。走形，顾名思义，就是西服的版型走样。如果肩部承担的重量过重，西服原本的线条就会被破坏，从而变得皱皱巴巴。

西服一旦走形就无法复原，只能通过采取一些措施进行预防。因此，绝对不能给肩部施加额外的负担。

开车上班的人也切不可疏忽大意，如果你认为不背包就没关系，那就大错特错了。在车里也会发生类似的情况，其罪魁祸首就是安全带。

在西服外面系安全带，就像背着双肩包一样，会让整件西服皱作一团。

而且，安全带和西服不断摩擦，会导致西服的布料被磨得发亮。磨亮和变形一样，一旦形成便无法修复。因此，我建议你在车中常备晾衣架。

上车的时候，先在外面脱掉西服，挂到衣架上再上车。

下车的时候，先下车，然后在车外穿好西服。

这样不仅举止优雅，西服的肩部也不会变形走样，西服也不会被磨亮。

你要注意的是，如果把西服挂在副驾驶座上，会阻挡视线，不利于行车安全，最好把它挂在驾驶座后面的位置。

▎"自下而上"是刷西服的铁律

人如果不泡澡、不淋浴，身体就会越来越脏，人就容易生病。衣服也一样，如果脏兮兮的不清洗，衣服就会损坏。

那么，如何去除西服上的污渍呢？送去洗衣店似乎是个不错的选择，但这样做既花钱又费时间，很多人没有条件经常把西服送去洗衣店清洗。我有个每天在家就可以去除西服上的污渍的方法，那就是用刷子刷。

虽然都是刷子，但用那种扁平的粘毛刷（如图3-17所示）很难刷掉衣服纤维深处积攒的灰尘。所以我推荐大家买大号的西服刷（如图3-18所示）。

羊毛是西服的常用面料，羊毛的结构与人体头发的结构非常相似。

在洗发水的广告中，我们经常可以听到"毛鳞片"

图 3-17　大号的西服刷（左）和粘毛刷（右）

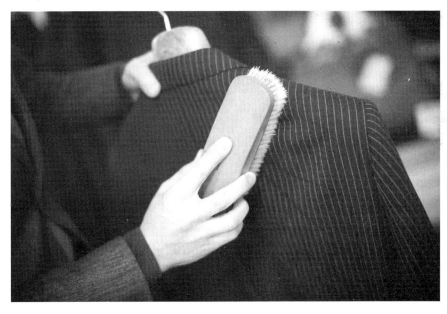

图 3-18　用大号的西服刷去除污渍

一词，毛鳞片指的是头发的表皮组织，像鱼鳞一样重叠排列，保护毛发内部免受外部刺激。健康头发的毛鳞片呈规律排列，使头发富有光泽。

在羊毛的结构中，与毛鳞片相对应的是叫作鳞片层的鳞片状表皮。鳞片层具有复原性，羊毛即使变皱，经过一段时间也可以恢复原状。

但如果鳞片层的周围附有灰尘的话，其复原性就会变差。如果不好好清除灰尘，衣服的褶皱便难以消除，导致旧褶皱还未褪去，新褶皱又接连出现。如此反复，最后衣服上会形成不可去除的死褶。

所以穿了一天的西服，一定要用刷子好好刷一刷，去掉灰尘。

然而，我发现很多人的刷法是错误的，他们刷的时候不管方向。正确的刷法应该是先从下往上刷，用刷子刷去粘在西服上的灰尘，刷的时候把西服挂在衣架上，用手按住西服的下面。然后再从下向上刷，整理毛流（如图 3-19 所示）。

就我个人而言，不管喝得多醉，多晚回到家，都一定会刷西服。

图 3-19　西服的正确刷法

▋ 褶皱一晚消除术

养成刷西服的习惯，还有一个好处，就是可以尽早发现西服上的问题，比如开线、污垢、污渍等。如果放任西服开线不管，开线处会变成大洞。另外，如果西服上残留污垢和污渍，时间一长则难以去除。

无论西服上有何种问题，只要我们尽快处理，就能降低其发展成棘手的大问题的概率。经常刷一刷西服，随时检查，有助于我们及时发现问题。

一旦我们开始关注西服的状态，就会有意识地避免弄脏西服。如此一来，我们的行为举止也会变得沉稳自然而又不失礼仪，有助于培养个人的绅士气质，从而形成良性循环。

其实，比起上衣，裤子更容易起皱。站着，坐着，走路，跑步……腿部要做各种动作，非常容易使裤子产生褶皱。如果不及时熨平，裤子上的褶皱就会越来越严重，进而使膝盖处鼓包，导致裤子的版型走样。

接下来，我跟大家分享一些关于如何抚平裤子褶皱的小妙招。

比如不解皮带，把裤子倒挂于裤架上，让其保持自然悬挂的状态就是个好办法（如图 3-20 所示）。就是这么简单，依靠皮带本身的重量，裤子上的褶皱便可轻松去除。

另外，还有一种方法更有助于除皱——在裤线上加针脚（如图 3-21 所示）。我所有的西裤都做了这样的处理，这样做不仅可以轻松去除裤子上的褶皱，还可以使裤子轮廓清晰漂亮，穿上更加修身有型。

为了使西服的穿戴寿命更久，我建议你多买几件西服轮换着穿。穿一次，至少要让它休息 3 天。不光是西服，这一方法同样适用于鞋子、包包等物品。

图 3-20　将裤子倒挂，保持自然悬挂

图 3-21　在裤线上加针脚的效果

通过休息，可以保证西服有足够的时间消除褶皱，西服上的湿气和气味也会自然消散。如果每件西服一星期只穿一次，那么其寿命就会大大延长。

但是如果你恰好在出差，很难做到以上几点，这时又该怎么办呢？如果想在第二天早上之前把衣服上的褶皱统统去掉，你可以试一试下面的方法：

(1) 将热水注入浴缸。

(2) 水量要没过脚踝。

(3) 关闭换气扇。

(4) 把衣服挂在衣架上，悬挂于浴室中。

热水的水蒸气起到了蒸汽熨斗的作用，可以抚平褶皱。出差的时候，我通常会先把行李寄到酒店，到了酒店后立刻把衣服从包里拿出来，再用上面的方法去皱。这个方法简单有效，在家里也可以使用，大家可以试一试。

越是清晰漂亮的裤线，
越不用熨裤机

西裤有没有裤线，给人的印象完全不同。

裤线最早可以追溯到 1880 年左右，据说是受到了英国王子（也就是后来的爱德华七世）的影响。相传，有一次英国王子准备去旅行，发现管家把裤子叠错了，使裤子前后都有了裤线。

王子却说道："这样不是也很有趣吗？"于是，他就那样穿着出去游玩了。人们看到王子穿的裤子，误以为这是英国上流社会的一种新时尚，有裤线的裤子便渐渐流行开来（还有其他说法）。

由此可见，西服的细节往往是偶然的产物。

随着时间的推移，裤线会逐渐变浅，但它最大的"敌人"其实是雨水。当裤子被雨淋湿时，裤线就非常容易消失。

要想在下雨天也能保持裤线，要做到以下三点：

(1) 不要跷二郎腿。

(2) 尽量不要坐着。

(3) 用毛巾轻轻擦拭裤子。

跷二郎腿或坐下来的时候，膝盖处弯曲，加上雨天空气潮湿，裤线很容易消失。因此，要待裤子稍干一些后，用毛巾轻轻擦拭。

擦裤子的时候务必要轻一点儿，太过用力会在裤子上留下污渍。此外，不要把裤子放在衣柜里，而应把系着皮带的裤子挂在裤架上，于阴凉处晾几日。晾干水分，褶皱就会消失，裤线也会随之恢复。

我在上一节中介绍过，你还可以沿着裤线缝几针，以便去除褶皱。我所有的裤子都做了这样的处理，也向大家强烈推荐这个方法，这样做既容易去皱，裤子的轮廓也更清晰漂亮，穿上更修身。

虽然有熨裤机这样的工具，但老实说我并不推荐。穿了一整天的裤子，膝盖鼓包，一般人用熨裤机很难烫直，而且只要稍不注意，就会熨出好几条折痕。

如果酒店放着熨裤机，你也许会忍不住想要用一用它。但是以我个人经验来看，用熨裤机很难熨出好看的裤线。

将系着皮带的裤子挂在裤架上的方法通常可以解决大部分问题，但如果裤子的褶皱已经很深了，建议你最好还是送去洗衣店处理。就算只想熨烫，洗衣店也会提供专业的服务。

自己在家里也可以熨裤子，但不要直接熨。你可以在裤子上垫一块布，再慢慢熨。

▌ 从洗衣店取回西服后的注意事项

相信大多数人都是自己在家里清洗衬衫的。我也喜欢在家里清洗、熨烫衬衫。对于一个裁缝来讲，熨烫衣服就好比厨师在磨刀，往往能让人内心感到平静。

我用过各式各样的电熨斗，但特福（Tefal）蒸汽电熨斗是迄今为止我用过的最好用的产品，用它可以非常轻松地熨平褶皱。这个牌子的蒸汽电熨斗非常厉害，它不仅能熨烫衬衫，还能熨烫纯棉等各种厚质地的裤子，效果也好得惊人。由于体积较大，蒸汽电熨斗预热会需要一些时间，一旦完成准备工作，它就会发挥巨大的威力，帮你有效地去掉褶皱。

另外，还有一些其他保持衬衫干净整洁的方法。例如，衬衫领子和手腕处会因汗水慢慢变黑，这些污渍虽然无法完全消除，但我们可以使用婴儿爽身粉或汗渍洗涤剂来减缓领子和袖口变黑的速度。将少量婴儿爽身粉涂抹在衬衫的领子和袖口处，可以有效防止变黑。静置几分钟后再用清水冲洗，轻轻松松就能把污渍洗掉。

去汗渍的洗涤剂也很好用。把衬衫放进洗衣机清洗之前，将洗涤剂喷在衬衫上可能会变黑的地方。我用过很多同类型的洗涤剂，但去污力最强的还是安利之家的预洗喷洁剂。如果你习惯自己在家中清洗衬衫，可以试试这些便利又好用的产品，以延长衬衫的穿着寿命。

我会把不易在家中清洗的西服送去洗衣店清洗，大概一个季节送洗一次。如果你不知道什么时候送洗西服最合适的话可以看裤线，当裤线消失，就意味着西服需要送洗了。

当你从洗衣店拿回洗好的西服后，要立即取下挂在上面的塑料袋。这个塑料袋不是用于存放衣物的，它的作用是防止在运输过程中弄脏衣物。将袋子继续留在西服上面会产生异味,甚至还会使西服变色。

此外,我还想和大家分享的一点,就是羊毛制品的清洗方法。尽管我们当下外出的次数没有以前多,但穿了一整天的衣服暴露在强烈的紫外线下,又吸收了大量的汗液,穿后必须去除汗渍和异味。然而,干洗是去不掉的,用水洗,羊毛又会缩水,让人非常头疼。

这个时候,你应该采取以下步骤:

(1) 水洗清洁。

(2) 除汗清洁。

(3) 除汗护理。

你可以向洗衣店提出以上三个要求。水洗清洁指的是在进行正常干洗后,将衣物放置在加有衣物防缩剂的水中浸泡大约 10 分钟的洗涤方法。这么做可以彻底去除衣服上的汗渍和异味，而且不会损坏羊毛。

最后我再补充一点，把衣服送去洗衣店之前，最好把衣服上的裂缝和破损处修补好。这样一来，衣服从洗衣店拿回来后，我们就可以立马舒舒服服地穿上了。

▍领带要挂，不要卷

领带的位置非常显眼，它位于脸的正下方，即便不想看到，它也会映入你的眼帘。如果你是企业高管或者自由职业者，可能需要在网站上面上传个人简介的照片，这类照片大部分都只有上半身。而线上办公时，也只能看到人的上半身。上半身的形象原本就十分重要，如今其重要性愈发凸显。

领带的图案花纹固然非常重要，但我们也要认真检查领带是否存在"歪斜""领结系得不好""松垮""奇怪、不自然的褶皱""污渍"等问题。

我发现不少人的领带上都有褶皱。这是因为领带大多由光泽感较强的丝绸材料制成，一旦有褶皱就会非常显眼。

领带产生褶皱的原因大多是收纳方法不当。大部分人可能会把领带卷起来存放，但这样做不仅不能去皱，还会生出新的褶皱。

此外，打领带结的地方是无论如何一定会有褶皱的。

鉴于上述原因摘下领带后，你可以用手背使劲拍打领带结的地方10～20下，然后把它挂在领带架或者其他任何可以悬挂的地方（如图3-22所示）。悬挂24小时后，再对折收纳。

领带一直挂着也不好。如果是针织面料的领带，一直挂着可能会导致其面料变形，让领带越挂越长。在家中保养领带的关键是用商店的收纳方法存放。

图 3-22　把领带悬挂起来

▍ 鞋子养护的关键

只要鞋子脏了，你就会给人留下邋里邋遢的印象。据说酒店的工作人员会看鞋识人，他们在鞠躬的同时顺便观察客人的鞋子，以此判断客人的身份。

如果你想让脚上的鞋子看起来精致，可以使用以下三个小技巧：

(1) 穿一次擦一次。

(2) 几双鞋子一起擦。

(3) 解下鞋带再擦。

穿一次擦一次，这样做旨在避免一双鞋子连续穿两三天。鞋子承载着几十千克的体重一天走好几千步，负担相当之大。就像职业棒球投手投一天球休息好几天一样，鞋子也要避免连轴转，否则会缩短其使用寿命。

另外，收纳鞋子时一定要把鞋撑放进去，它可以帮助吸收鞋子里的汗液和湿气，并能使鞋子不变形。正如人需要良好的睡眠一样，鞋子也需要好好休息。

几双鞋子一起擦也是一个好办法，我认为 3 双一起擦刚刚好。打理鞋子的节奏大概是这样的，星期一至星期三穿的鞋子星期三擦，星期四至星期六穿的鞋子星期六擦。如果你每天都擦的话很难坚持，一口气擦一星期的量又会太多，导致你想要草草了事而擦不干净。

解开鞋带再擦，是为了把鞋擦得更全面，不留死角。擦鞋时，如果不解下鞋带，会有擦不到的地方，鞋油也可能粘到鞋带上。而且，解下鞋带还可以顺便检查鞋带的状况。再没有比破破烂烂的鞋带更令人感到寒酸的了。如果你的鞋带旧了，就赶紧换根新的吧。

鞋子平时用干布擦就可以了。每 3 个月按照以下三个步骤给鞋子好好做个护理。

(1) 去除污垢。

(2) 涂上鞋油，增加光泽。

(3) 抛光鞋头和后跟。

三个步骤缺一不可，最后一步最为重要，其要点在于只抛光鞋头和后跟，并非鞋子整体。

"日本人很认真，总想让整只鞋子都亮亮的。但那样是不行的，只有乡下人才会穿整只都发光的鞋子。想要穿得帅气好看，只能抛光鞋头和后跟"。我认识的一位非常时尚的那不勒斯人这样说。

这么做还有另外一个原因。鞋头和后跟相对比较坚硬，而鞋子的其他部分可以随着脚部动作灵活弯曲。如果你想让整只鞋子都亮起来，弯曲部分涂的鞋油会弄脏鞋子。

脚部是非常显眼的部位。特别是在日本，很多场合都需要脱掉鞋子，人们的视线很容易落在脚上。这时候如果你的鞋子脏兮兮的，就无法给人留下好印象。

▌衣服和鞋子"寿终正寝"的信号

继续穿已经过了使用寿命的衣服，不会给人留下好的印象。

因此，为了尽可能延长衣服的使用寿命，衣服的日常护理非常重要。在购买后的一年内，顾客们衣服的状态还没有什么太大差别；一年之后，衣服状态就有了好坏之分。

是否替换着穿不同的衣服是造成衣服状况差异的主要原因之一。如果你从不替换衣服，总穿的那件衣服很快就会损坏。有的人衣服才穿半年就不行了，这与他们不替换穿衣服且对衣服的关心程度较低有关。

不管怎么说，你要让衣服保持好状态，因此及时处理衣服上的污垢和破损很重要。我建议大家每半年检查一次衣服的状况，换季时，把衣服修理齐整，清洗干净，妥善收纳，这样就可以显著延长衣服的使用寿命。

经常有人会问我："衣服能穿多久？"衣服能穿多久最终还是要看你穿的次数和护理方法。假如每星期穿一次，并进行了相应的护理，各类衣物的使用年限如下所示。

(1) 西服、夹克类：5 年。

(2) 衬衫：3 年。

(3) 领带：5 年。

(4) 鞋子：10 年。

(5) 皮带：5 年。

(6) 包包：10 年。

当你的衣服和鞋子上出现了无法去除的污垢或者修理不好的破损时，其实这就是服装在向你发出该扔掉了的信号，这也是用来判断服装是否到达使用寿命的方法。具体情况如下所示，大家要牢记。

(1) 西服、夹克类：面料上出现反光，褶皱难以去除。

(2) 衬衫：领子和袖口处已经变黑，褶皱无法烫平。

(3) 领带：领结处的褶皱无法去除。

(4) 鞋子：怎么擦也擦不出光泽，整体都有受损；

(5) 皮带：形状变形，边缘卷曲。

(6) 包包：怎么擦也擦不出光泽，整体都有损伤。

把手机放进西服的口袋，一年就可以毁掉西服

"不要把西服上的口袋真的当口袋来用。"我想大声地告诉大家这一点。

我想很多人一定会对此感到困惑不解。其实西服上的口袋并不是用来放置物品的，口袋里什么都不能放。物品放得越多，口袋就会越鼓，时间一长，西服的轮廓就会变形。

西服脏了，洗一洗就能干净如初；破了，缝一缝也能恢复原样，但是一旦变形，便无法复原。不仅如此，在口袋里放东西还会加快衣服损坏的速度。

夏天的时候，口袋里如果装着东西，西服的透气性会变差，更加闷热便会出更多的汗，更容易弄脏衬衫。

实在需要的话，你可以在西服里面的口袋放一根圆珠笔和一个名片夹，在裤子后面的口袋放一块手帕。除此以外，你不要在西服的口袋放任何物品，最好把所有东西全都放到包包里。

但是，我不推荐大家背双肩包。原因有两个：

(1) 西服会受损。

(2) 影响美观。

之所以说西服会受损，是因为双肩包需要用肩膀背着，会给西服的肩部带来很大负担。就像前文提到的那样，西服的灵魂在于肩部，要用心呵护，不能给它增加负担，肩线一旦歪曲变形，便无法复原。

我说它影响美观，是因为像双肩包这种体积较大的包包，比西服更加显眼，有喧宾夺主之嫌。

还有，背着双肩包会让人联想到"拎包的"这个形象，一个人只要拿着大包包，感觉就像是个小随从、小跟班。

行李多的时候，包包的体积也会变大。但是即便如此，也不要使用肩带，我建议你最好把包拿在手里当手提包来用。这个时候，一定要记得将肩带摘下来，不然样子会很难看。

第 4 章

保持进攻状态的
最佳服装搭配方法

发挥服装的力量，以外在为武器，
取得通往未来理想大门的钥匙！

▍ 为自己的形象注册"商标"

在第 3 章中，我用款式、搭配、状态三要素对商务场合中的制胜着装进行了因数分解，在这里我们简单温习一下，款式是指服装的颜色和形状（形状包括尺寸），搭配是指服装的组合搭配，状态是指衣服的状态。

以上结合三要素来选择着装的方式属于避免失败、防止给自己形象扣分的"防守型"方式。这样的"防守型"方式固然重要，但今后的时代不仅需要"防守型"，更需要"进攻型"的方式。

受疫情影响，人与人见面的次数减少。上班、洽谈、出差、汇报展示、交流会、聚会等可以在现实生活中与人接触的机会也减少，我们进入了一个非必要不见面的时代。

我自己也是如此，和人见面前会先好好思考一下要不要实际见一面。准备的时间、路上的时间以及交通费等，我需要投入多少时间与金钱，是否真的有为此次会面投资的必要。经过认真的考虑，我决定只去见那些非见不可的人。

反过来说，过去大家认为理所当然、毫不在意的实际见面的价值，现在得到了空前提升。

对于如此重要的场合，自己要以什么样的状态去赴约，变得至关重要。因此，从现在开始，你需要的不再是满足最低要求的防守策略，而是能够让你从众人中脱颖而出的进攻策略。以服装为武器，充分挖掘自己的无限潜力，这就是所谓"进攻型"的方法和思考方式。在第 4 章中，我将对此进行详细介绍。

　　首先我希望大家明白一点，那就是人对一件东西的记忆是由颜色和形状决定的。最理想的情况是，某物的颜色和形状与其特质相匹配，如此更容易给人留下印象。次一等的情况是那些颜色匹配、形状不匹配的物件。再次一等的情况是颜色不匹配、形状匹配。最不容易让人记住的是颜色和形状与事物都不匹配的物件。经过简单整理，容易让人记住的顺序如下所示：

第 1：颜色和形状都匹配。

第 2：颜色匹配、形状不匹配。

第 3：颜色不匹配、形状匹配。

第 4：颜色和形状都不匹配。

　　厕所的标志很好地证明了这一点。众所周知，红裙子代表女厕所，蓝裤子代表男厕所。这个标志不仅在日本，在很多国家都是通用的。

反过来，如果变成"蓝裙子代表女厕所，红裤子代表男厕所"会怎样呢？结果很可能是，男人进了女厕所，女人进了男厕所。我相信大部分人都会搞错，并且错得毫不犹豫。由此可以看出，"红色是女厕所的颜色，蓝色是男厕所的颜色"，这一点已被牢牢地刻在人们的记忆中。

这一点可以直接应用到"推动持续制胜的着装搭配"上。总之，如果你希望自己在事业上取得成功，"让人记住"是一项必不可少的技能。

特别是在今后的时代，内容固然重要，但是内容制作者的影响力更大。因此，无论是企业高管、上班族还是自由职业者，将自己品牌化才是持续获取胜利的秘诀。所谓品牌化，其实是一种让他人记住的技巧。

无论是保险、汽车这样的大额商品，还是点心、咖啡这样的日常食品和饮品，如果不能成为第一时间就让人想起的品牌，那它的处境就比较艰难了。毕竟，现在的商品大都千篇一律。其实，不光是商品，人也一样。被遗忘的人，谁都不会想去找他说话。

我在前文讲过，乔布斯经常以黑色（颜色）、高领（形状）的造型出席发布会，并频繁出现在世界的各大媒体面前，他的形象深深地烙印在全世界人民的记忆中，其品牌的影响力也越来越强。

需要注意的是，我说的颜色是代表自己形象的颜色，不是自己喜欢的颜色，也不是适合自己的颜色，而是"可以传递自己价值的颜色"。

形状，就是服装的形状。根据不同场合来选择西服上衣、休闲夹克西服、T 恤，等等。此外，形状也包括人的体形。身材时而肥胖、时而苗条，体形时常发生变化，也很难让人记住。要想在事业上取得成功，就要保持相对稳定的体形，这样不仅是为了健康，也便于更好地让人记住自己。

综上所述，为了在事业上取得成功，你首先要确定自己的"颜色"和"形状"，并且要在重要的场合经常使用。简历上的证件照和社交网站上的照片最好都采用同样的"颜色"和"形状"。一旦有了这种意识，属于你的"颜色"和"形状"便渐渐有了存在感，当服装开始为你代言，你就会慢慢地被他人所熟知了。

换句话说，就像为自己的外在形象注册专属"商标"一样，被注册了商标的商品的"颜色"和"形状"不能轻易改变。同理，保持自己的外在形象与"注册"时一致，这是展开进攻的第一步！

▌最强三步，轻松打造赚大钱的形象

我在前面讲了"要设定自己的'颜色'和'形状'"。不过，需要注意的是，你所设定的不是适合现在自己的"颜色"和"形状"，必须是"能够展现未来理想的自己的'颜色'和'形状'"。想象未来理想的自己是什么样子，穿着什么样的衣服，这样的前瞻性思考十分有必要。

那么，如何对未来理想的自己进行设定呢？经过不断试错，我发现只要按照以下三个步骤，就能将未来的理想形象具体化。

(1) 自己眼中的自己（目标使命）。

(2) 他人眼中的自己（人物特性）。

(3) 未来理想的自己（标签定位）。

自己眼中的自己（目标使命）是指对工作的想法。你要思考"想要实现什么""想为谁做事、做什么事""为了什么而工作"等诸如此类关于职业规划的问题。

当我还是个普通上班族的时候，从来没有思考过这些问题。对那时候的我来说，工作的目的只是维持生计的赚钱手段，无非就是做出点成绩，涨涨工资，能过上好日子。

当我自己经营了公司之后，我的想法发生了180度的大转变，整天都在想上面的那些问题。因为一旦失去目标和使命感，人就无法长时间保持高涨的工作热情。

如今，终身雇佣制①和年功序列工资制②日渐衰落，价值观更加多元，每个人都被要求成为专业人士。无论是企业高管、上班族还是自由职业者，每个人都要有目标，并按照自己被赋予的使命努力生活。

---

① 是指个人在接受完学校教育开始工作后，一旦进入一个组织，将一直工作到退休为止，而组织不能以非正当理由将其解聘的制度。——译者注
② 日本企业的传统工资制度。员工的基本工资随员工本人的年龄和企业工龄的增长而每年增加。——译者注

　　当你开始思考"自己的目标使命是什么"的时候，你的工作就会变得不一样。所以，首先要想一想自己的目标使命是什么。找到目标使命的关键不在于思考你要做什么样的产品或者提供什么样的服务，而是在于你要想清楚，通过制作这些商品或提供服务，想为了谁而工作；在这个过程中，你能发挥什么样的作用、做出什么样的贡献。

　　"他人眼中的自己（人物特性）"，指的是别人是如何看待自己的。

　　在商业社会中，他人的评价至关重要。不管你认为自己做的拉面有多好吃，只要别人不觉得好吃，你的生意就不会兴隆。能够出人头地的人，一定是自我评价与来自同事、领导的评价一致的人。不光要自己觉得自己做的拉面好吃，也得让别人觉得好吃才行。

　　总之，自认为有优势的地方，同时也能得到别人的认可，这一点很重要。即便自己认为不怎么样，只要获得了他人的赞赏，那也是自己的优势。

你可以试着问问周围的朋友、同事，自己有哪些优点和价值，相信你会收获很多意想不到的评价，既有自己不曾注意到的优点，也有被自己忽视的缺点。

或许是当局者迷，旁观者清。人们总是非常了解别人，最看不清的却是自己。这里并不是说要让大家只关注他人对自己的看法，而是要通过他人客观的评价来发现自己的价值和优势所在。

当然，你提问的时候要注意方式和技巧，记住向对方确认"是什么时候感觉到了这一优点"。你如果上来就问"我有哪些优点"，对方会很难一下子回答上来。因此，你得到的答案可能大多是："优点的话，嗯……就是非常努力。"这个时候，我们可以追问："那你是什么时候觉得我很努力的呢？"这样一来，你就能清楚地知道自己的哪些努力得到了他人的好评。

最后，把第一个步骤（目标使命）和第二个步骤（人物特性）结合在一起，形成"未来理想的自己（标签定位）"。

如果能找到一个既适合自己，又振奋人心的标签定位是最好不过的。如果你想通过从言行举止、外观形象上的努力，逐渐变成自己未来理想的模样，就需要借助服装的力量。

标签定位，最重要的一点就是你是否真心希望如此。不管理想多么高大上，如果不是发自内心的渴望，就只是对他人理想的复制，或是回应他人对自己的期待，你将不得不一直扮演一个不真实的自己。

接下来，我将以自己为例，具体地解释以上步骤。

我的"目标使命"是"传递服装带给人自信的理

念"。我的工作主要是为顾客量身定做西服，但定做本身并不是目的。服装会给人带来各种变化，其中最大的变化莫过于心态上的改观。得体美观的衣服让人心情愉悦，充满自信，这一点我自己也深有体会。通过服装更好地展示自信的面貌，帮助大家走向更加丰富充实的人生，这就是我的使命。

我的"人物特性"是"决定了的事情就一定会坚持到底的奋斗者"。我曾经问我周围的人："我的长处是什么？"很多人回答说："你很认真。"于是我又问道："什么时候会觉得我认真呢？"我得到的答案是："不管是博客还是公司的宣传简报①，只要是决定了的事情你都会坚持做下去，真的非常努力，让人佩服。"尽管有时候公司的通讯简报内容不是那么丰富，但我也坚持定期推送。当然，我从来没有觉得这是件厉害的

---

① 企业或组织将与活动相关的新闻刊登在印刷品或电子出版物上，并定期发送给订阅的客户。——译者注

事情，但被周围的人这么一说，也觉得似乎是这么回事，我这才意识到傻傻地坚持也可以是自己的优点。

将这两点糅合在一起，就是我给自己的标签定位：成就辉煌人生，日本唯一一家专为企业高管服务的西服裁缝。以"传递服装带给人自信的理念"为使命，认真地、坚持不懈地帮助他人成就人生，带着这样的期待，我给自己确定了上面的标签定位。这个标签定位虽然早在 2012 年就已设立，但是它带给我的激励至今丝毫不减，我也一直将它奉为圭臬。

如果把你的人生拍成电影，你希望由谁来担任主角？

当你有了想要为此奋斗一生的标签定位，接下来可以试着思考：假设要把自己的人生拍成电影，你希望由谁来担任主角。主角会穿什么样的衣服，言语措辞如何？电影的高潮是怎样的场景，希望带给观众什么样的感受？

这样的思考方式，有利于我们客观地看待自己。不以自我为中心，客观理性地思考，更容易想出适合自己身份角色的装扮造型。若是从自己的角度出发，就会不自觉代入个人喜好、舒适与否等各种因素，从而离理想的主角形象越来越远。

例如，假设你理想中的主角是织田裕二。为了更加具象化，你需要再想想自己喜欢的是以下哪部电影中的人物特点：

(1)《东京爱情故事》里的织田裕二。

(2) 还是《跳跃大搜查线》里的织田裕二。

(3) 还是《外交官黑田康作》里的织田裕二。

(4) 抑或是《金装律师》里的织田裕二。

导演根据角色特点设计出与之相匹配的台词，服装管理员准备好适合角色的服装。借助这些台词和服装，根据作品和角色的不同，演员演绎出截然不同的人物形象。角色不同，服装造型也不同，言语措辞自然也不同。如果演绎自己的人生，就要明确你想请的是哪部作品、哪个场景下的哪位演员来出演主角。

如果对主角和作品都有了大致的概念，接下来就来思考你的主角穿着什么样的衣服，说了什么样的台词。如此，选衣搭配将会发生质的飞跃，变成一场塑造理想人生的极具创造性的活动。

还有一点也非常重要——选衣搭配完全没有必要考虑适不适合现在的自己。如果过多考虑这个问题，就会偏离自己的理想形象。

有点儿不好意思，不过接下来又要以我为例了。我理想的主角是《教父 2》中为父母复仇时候的罗伯特·德尼罗（Robert De Niro），他穿着棕色三件套西服，而我的理想形象也是同样的衣服。

我认为这个角色最可贵的一点在于无论遇到什么

事情都会坚持到底，这与我的人物特性也刚好一致：决定了的事情就一定会坚持到底。

另外，棕色包含了独特寓意。棕色是泥土的颜色，正如我想通过裁缝这个职业，成为顾客土地般坚实的后盾，从根基处牢牢支撑顾客。

我认为可以概括为"颜色传递信息，形状彰显身份"。我的"颜色"是棕色，"形状"是三件套西服。

▌投资外形，享百倍收益

在本节中，我将详细说一说在上一节最后提到的"颜色传递信息，形状彰显身份"这个问题。

我们先试着把信息转换为颜色。请针对以下八个选项，说出你认为与描述相对应的颜色。

(1) 信赖、可靠。

(2) 沉着、稳定。

(3) 治愈、柔和。

(4) 清爽、年轻。

(5) 外向有力、领导能力。

(6) 温柔、幸福。

(7) 平易近人。

(8) 协调有序、沉着冷静。

让我先来向大家揭晓答案，以上信息相对应的颜色分别是：

(1) 信赖、可靠→深蓝色。

(2) 沉着、稳定→棕色。

(3) 治愈、柔和→绿色。

(4) 清爽、年轻→淡蓝色。

(5) 外向有力、领导能力→红色。

(6) 温柔，幸福→粉色。

(7) 平易近人→黄色。

(8) 协调有序，沉着冷静→灰色。

　　为什么表达"信赖、可靠"的是深蓝色，"治愈、柔和"是绿色呢？事实上，颜色各有各的作用，不同颜色传达的意象也不同。

　　最能体现这一点的当属《超级战队》①系列。相信很多男孩都看过，一个拥有了将近几十年人气的特摄系列片，有《秘密战队五连者》《地球战队五人组》，还有最近的《机界战队全开者》等。

　　虽然战队成员的人数、颜色等一直在变，有时还会增加女性成员，但唯有一点是不变的——主人公（队长）的颜色一定是"红色"。颜色的功能与作用具有超越时代的普遍性。红色代表"热情""朝气蓬勃""活泼、勇敢"，这些都是领导者必备的特质。

　　在《超级战队》系列中，实际的颜色匹配情况是

―――――――――

① 该系列是由日本朝日电视台在 1975 年开始播放的 TV 特摄系列片，由日本著名的东映株式会社制作。——译者注

这样的:

(1) 深受队员信赖的→"蓝色"。

(2) 营造气氛而又性情温和的→"黄色"。

(3) 无比热爱动物和自然的→"绿色"。

(4) 唯一的→"粉色"。

由此,你必须考虑的是,与"未来理想的自己以及想要传达的信息"相匹配的颜色是什么。不考虑个人喜好,仅通过颜色战略性地塑造自己的形象,这样才能打造自己的品牌,也是一种积极的面向未来的选衣搭配法。

不过,如果适合你的颜色是绿色,并不是说你就要从头到脚都穿绿色。领带、口袋巾以及穿在里面的针织衫和 T 恤等可以尝试用绿色。局部点缀,更能发挥出颜色的效果。

另外,你最好在上半身的衣服上使用专属颜色。

例如，只把鞋子换成绿色，就不太容易被人注意，很难表达出你想要传递的信息。

其次是"形状"。看过电视剧《相棒》的人都知道，三件套西服、领带、背带裤子是饰演上司的演员水谷丰的常规造型，穿西服不打领带是饰演其搭档的演员反町隆史的固定搭配。

如果两个人互换服装造型，会怎样呢？你一定会觉得很奇怪，因为每个角色都有适合自己的造型打扮。

从正式程度的高低对职业装进行排序，由高到低如下所示：

(1) 三件套西服 + 衬衫 + 领带。

(2) 西服上衣 + 衬衫 + 领带。

(3) 休闲夹克西服 + 衬衫 + 单品西裤 + 领带。

(4) 西服上衣 + 衬衫（不打领带）。

(5) 休闲夹克西服 + 衬衫 + 单品西裤。

(6) 衬衫（包括 T 恤、Polo 衫等）+ 单品西裤。

以电视剧《相棒》来说，主演水谷丰属于第 1 种，而另一位主演反町隆史则属于第 4 种。

我在此还是要强调一点，要选与未来理想的自己更接近的"形状"，即穿搭造型。太过遥远的未来，难以把握，设定为 3 年后理想的自己最合适不过了。

比如你想在 3 年后成为带领众人的领导者，在争取获得团队信任的同时，以年轻为自身优势带领团队前进。你首先要确定"颜色"。代表信赖感的是深蓝色，年轻是淡蓝色。接下来你要确定"形状"。身为队长，服装的正式程度大概在第 5 左右，即休闲夹克西服＋衬衫＋单品西裤的搭配。这样一来，深蓝色夹克、淡蓝色衬衫，再配上一条奇诺裤① 就大功告成了。

---

① 奇诺（Chino）指的是一种斜纹布料，经纬线采用 45 度斜角纺织而成，裤子的版型跟西裤类似，风格介于休闲的牛仔裤和正式的西裤之间，用卡其色面料制成的奇诺裤称为卡其裤，除此之外还有各种颜色的奇诺裤。——译者注

又或者，3 年后你想成为冷静与激情兼具的公司董事，成为公司的门面。那么，先来看"颜色"，传递冷静的是灰色，表达激情的是红色。再看"形状"，如果想着重突出庄重与沉稳，可以选择搭配正式程度最高的第一套。综上所述，灰色三件套西服、白色衬衫和红色领带可以帮你打造最佳形象。

这样的穿衣搭配，就是对未来自己的投资。可话又说回来，对商品或服务进行的金钱付出，可以分为消费、浪费和投资三种。

消费指的是对水、煤气、电等基础性公共服务的支出，即费用（花费的金额）等同于获得的价值。浪费不用多说，就是乱花钱，为了虚荣或释放压力而进行的过度消费。费用大于获得的价值。最后我们来说说投资，虽然现在用以投资的费用可能会比较贵，比如，为了考取某资格证书或者掌握一门外语的学习型投资，又或是在健身俱乐部的健康投资，等等，这些都是可以在未来得到回报的投资行为。投资与浪费完全相反，其费用将小于得到的价值。

本书讨论的主题——"引导走向成功的服装"也是一种投资。

创业以来的 12 年间，我接待了上万名商界人士，从他们身上我明白了一件事，那就是年收入大约是投资西服金额的 100 倍。在西服上投资 10 万日元的人，年收入至少 1 000 万日元。能在西服上投资 25 万日元的人，年收入至少 2 500 万日元。或许这让人难以置信，但事实确实如此。

我的顾客中有从事各种职业的人。虽然他们年龄、职业各不相同，却都符合这个规律。

通过进一步计算，我们验证了这一数值的合理性。

以年收入为 1 000 万日元者为例，他（她）每月的平均收入约为 85 万日元。从中扣除税收和养老金，到手 65 万日元。假设保险费 15 万日元，房贷或房租 10 万日元，照明取暖费和伙食费 10 万日元，其他杂七杂八的日常开销算作 10 万日元，这样最后剩下 20 万日元。把其中的一半，也就是把 10 万日元花在西服上，也在情理之中，不算勉强。

为了更好地塑造成功形象，我建议你从今天起就不要再以"消费"或"浪费"的理念来选择商务着装了，应把它当作投资来认真挑选。

大家成为自己的"矢泽"了吗?

按照前面介绍给大家的步骤搭配出来的衣服，已经不再是用"衣服"这个词就能道尽其含义的了，商务着装更体现了穿戴者对生活的态度，展现了自己的人生理念。

我常说："商务人士穿的不是衣服，而是理念。"

每当抱着这样的态度穿衣服的时候，我都会想起自己的使命，重温自己的初心。

职场并不总是一帆风顺，有高潮有低谷。身体有好的时候，也有欠佳的时候。在我看来，不受外界因素影响，始终能够发挥出最佳状态，才称得上是一流的商务人士。

歌手矢泽永吉有一个令我印象深刻的传闻。矢泽无论做什么事情，首先会想："这是矢泽的风格吗?"。

不是单纯的矢泽永吉，而是作为歌手的矢泽会怎么想，矢泽本人一直以此作为处事依据。据说外出的时候他一定会住套房，有一次由于工作人员的失误导致他没能订上套房，他知道这件事后，是这样说的："矢泽没问题，但是矢泽会怎么说呢?"

听了这个故事，我深深体会到客观看待自己的重要性。如果能经常以旁观者的角度审视自己，就能时常检验自己是否真的朝着"未来理想的自己"迈进。

通过持续不断地思索理想中的自己会怎么想、怎么做，就能建立起坚不可摧的决心，做到言行一致。我时常问自己："为了自己一手经营的 IL SARTO 公司的颜面，我该怎么做？"

在成为未来理想的自己的过程中，穿着打扮发挥着举足轻重的作用。它会影响人的行为举止以及思考方式，能够打开"蜕变的开关"，这正是我在本书中最想传达的内容。真心希望大家都能遇到改变自己人生命运的衣服。

跋

从2020年新年起，社会上充斥着关于疫情的各种新闻。很长时间过去了，这种状态依旧没有太大改观，人们的认知也因此发生了巨大的变化。以前，出门上班天经地义，现在政府鼓励人们居家办公，不去公司也可以。

人们的聚集性活动和出行都受到了限制，餐饮业和旅游业因此遭受重创，我所从事的服饰业也是受到重创的行业之一。以前，人们会为了去公司上班而买很多通勤穿的衣服；参加亲朋好友的婚礼或是其他活动，也会买些比较正式隆重的衣服。而现在，这样的场合大大减少。

因此，服饰业陷入困境。很多大公司面临破产危机，我曾经工作过的世界时装也相继停止了旗下多个品牌的销售，并迅速对业务规模进行缩减。长时间以来，服饰业佳讯甚少。每每看到类似的报道，我的心情都分外沉重。似乎自己的工作已经不被社会所需要，自己多年来的努力付诸东流。

2020 年 4 月，日本政府首次发布新型冠状病毒肺炎疫情紧急事态宣言，呼吁民众"Stay at Home"（待在家里别出来），顾客的预约戛然而止。在我创业以来的 12 年间，从未出现过零预约的情况，而现在已经连续好几天都是零预约的状态。我感到自己已经不被任何人所需要，今后又该何去何从，对未来深深的焦虑与不安使我将近一个月都无法安然入睡。

随着紧急事态宣言的解除，顾客的预约电话又陆然增加。我不解地问打来电话的顾客："您为什么预约呢?"很多人给出了这样的回答："在紧急事态下和人见面的机会非常少,不能随时见到想见的人,由此,我也深切体会到了见面的重要性。今后我会倍加珍惜每一次见面的机会。因此,我觉得非常有必要再重新好好打扮打扮自己。而且,随着居家时间的变长,在线会议的增加,我不得不在小小的屏幕中展现自我,所以必须以全新的视角更新自己的装束打扮。"

听了这番话,我深深地感到自己可以做、应该做的事情还有很多。面对这场前所未有的疫情,我更要向世界传达服装的真正意义和价值,为打破服饰业的现状贡献力量!

创业是我步入社会后的一件大事,我走上创业之路的契机也是因为改变了自己的外在形象。

创业前的一段时间,是我职业生涯中最痛苦的时期。创立 IL SARTO 之前，我在父亲的公司工作。我父亲经营着四家女装店，我负责巡视店铺，并参加展会采购商品。然而，工作进展得却非常不顺利。

进展不顺利的原因有如下几个。首先，父亲公司经营的是面向已婚女性的服装，我本身对此并没有太大兴趣。其次，无论我在哪里、做什么，都会被大家拿去和父亲做比较，这让我感到十分厌烦。最重要的是，我对这份工作可以说毫无使命感，满脑子想的都是如何提高销售额，也只顾着学习市场营销和企业发展规划方面的知识。

但无论再怎么强化理论，不为顾客着想，工作还是难以顺利开展。如果是大企业可能另当别论，但在小公司，你对工作的态度和想法，以及与顾客关系的重要性就凸显出来了。

当时我还没有意识到这些，也没有亲临一线，更没有重视搞好与员工之间的关系，只是一味地钻研理论，努力提升销售额。结果，我不仅没做出什么成绩，和店员的关系也越来越不好。那时，我的工作积极性大大降低，对曾经无比热衷的时尚也丧失了兴趣，那时，我的衣服洗了穿，穿了洗，每天上班都是条纹T恤、牛仔裤和运动鞋的固定搭配。

牛仔裤虽然穿着舒服，但穿戴者不易察觉体形上的变化，不知不觉就会吃过量，导致我想吃什么吃什么，想喝什么喝什么，回过神来时，体重已经从58千克增加到70千克。那时候的我觉得衣服好不好看是次要的，只要穿得舒服就好了。

就在这个时候，在一次和妻子外出的途中，她的一句话提醒了我，让我下定决心开始减肥。"皮带都快不够长了，这可有点儿不太妙呀……"妻子这样说。

由于我的肚子越来越大，原本扣在中间位置扣眼的皮带，如今需要扣到最外侧的扣眼才可以勉强系住。

于是，我尝试了当时非常流行的香蕉减肥法。做法很简单：早上吃香蕉，其余时间正常饮食，只要控制好一天摄入的总卡路里就好，再加上适当运动，半年左右我就成功减掉了 10 千克。

减肥成功后，我的生活发生了意料之外的变化。我每天心情都很舒畅，生活充满劲头，对时尚又重新燃起了兴致，买了各种各样的衣服。我告诉自己，每天都要活得精彩！

如此一来，我对工作也更有激情了。在学习了营销顾问藤村正宏老师课程后的第二年，我创立了 IL SARTO。公司成立半年后，我的妻子怀孕了，我的人生开始渐入佳境。

如果当时我没有减肥，就绝对不会有 IL SARTO 的诞生，我现在可能依旧过着闷闷不乐的生活。

从某种意义上来说，通过强制改变外在形象，我的人生也在不断好转。当然，我并不是想呼吁大家努力减肥，而是想通过自己的亲身经历告诉大家，人是会随着外表的改变而改变的。

当你认为自己的外表无关紧要时，极易陷入自我否定，总觉得"反正像我这样的肯定不行"，便不再积极主动地大胆尝试、直面挑战，觉得所有事情看起来都很麻烦，懒得做出任何改变。

然而，外在形象的蜕变，会改变周围人看待你的目光。通过旁人目光中的肯定，你能重拾自信，自己的言行举止也会在不知不觉中发生变化。渐渐地，你会发现自己真的能变成未来理想的样子。

就像艺人会不断改变自己的造型一样，人一旦有了想被关注的意识，就会不断改变自己的外在形象。内在的变化不会马上发生，但外在的变化会立马显现。

而且，外在变了，内在的变化往往也紧随其后。

长久以来，人们普遍认为追求时尚的目的就是紧跟潮流。而商务时尚不同，它的真正魔力在于它是帮助人们成为理想自己的魔法工具。因此，我们要丢掉传统的穿搭常识，充分发挥自己的想象力，畅想自己的理想形象。仿佛绘制未来蓝图一般，有战略地塑造自己的形象，开拓属于自己的光明未来！

能够改变命运的衣服，正等着你。衷心祝愿大家都能与它相遇。

2021 年 9 月

未来，属于终身学习者

我这辈子遇到的聪明人（来自各行各业的聪明人）没有不每天阅读的——没有，一个都没有。巴菲特读书之多，我读书之多，可能会让你感到吃惊。孩子们都笑话我。他们觉得我是一本长了两条腿的书。

——查理·芒格

互联网改变了信息连接的方式；指数型技术在迅速颠覆着现有的商业世界；人工智能已经开始抢占人类的工作岗位……

未来，到底需要什么样的人才？

改变命运唯一的策略是你要变成终身学习者。未来世界将不再需要单一的技能型人才，而是需要具备完善的知识结构、极强逻辑思考力和高感知力的复合型人才。优秀的人往往通过阅读建立足够强大的抽象思维能力，获得异于众人的思考和整合能力。未来，将属于终身学习者！而阅读必定和终身学习形影不离。

很多人读书，追求的是干货，寻求的是立刻行之有效的解决方案。其实这是一种留在舒适区的阅读方法。在这个充满不确定性的年代，答案不会简单地出现在书里，因为生活根本就没有标准确切的答案，你也不能期望过去的经验能解决未来的问题。

而真正的阅读，应该在书中与智者同行思考，借他们的视角看到世界的多元性，提出比答案更重要的好问题，在不确定的时代中领先起跑。

湛庐阅读 App：与最聪明的人共同进化

有人常常把成本支出的焦点放在书价上，把读完一本书当作阅读的终结。其实不然。

时间是读者付出的最大阅读成本

怎么读是读者面临的最大阅读障碍

"读书破万卷"不仅仅在"万"，更重要的是在"破"！

现在，我们构建了全新的"湛庐阅读"App。它将成为你"破万卷"的新居所。在这里：

● 不用考虑读什么，你可以便捷找到纸书、电子书、有声书和各种声音产品；

● 你可以学会怎么读，你将发现集泛读、通读、精读于一体的阅读解决方案；

● 你会与作者、译者、专家、推荐人和阅读教练相遇，他们是优质思想的发源地；

● 你会与优秀的读者和终身学习者为伍，他们对阅读和学习有着持久的热情和源源不绝的内驱力。

下载湛庐阅读 App，
坚持亲自阅读，
有声书、电子书、阅读服务，
一站获得。

CHEERS

本书阅读资料包
给你便捷、高效、全面的阅读体验

本书参考资料　　　　　　　　　　　　　　　　　　　湛庐独家策划

☑ **参考文献**
为了环保、节约纸张, 部分图书的参考文献以电子版方式提供

☑ **主题书单**
编辑精心推荐的延伸阅读书单, 助你开启主题式阅读

☑ **图片资料**
提供部分图片的高清彩色原版大图, 方便保存和分享

相关阅读服务　　　　　　　　　　　　　　　　　　　终身学习者必备

☑ **电子书**
便捷、高效, 方便检索, 易于携带, 随时更新

☑ **有声书**
保护视力, 随时随地, 有温度、有情感地听本书

☑ **精读班**
2~4周, 最懂这本书的人带你读完、读懂、读透这本好书

☑ **课　程**
课程权威专家给你开书单, 带你快速浏览一个领域的知识概貌

☑ **讲　书**
30分钟, 大咖给你讲本书, 让你挑书不费劲

湛庐编辑为你独家呈现
助你更好获得书里和书外的思想和智慧, 请扫码查收!

（阅读资料包的内容因书而异, 最终以湛庐阅读App页面为准）

图书在版编目（ＣＩＰ）数据

着装的影响力 ／（日）末广德司著 ； 贾天琪译. --
杭州：浙江教育出版社，2022.11
ISBN 978-7-5722-4585-5

Ⅰ．①着… Ⅱ．①末… ②贾… Ⅲ．①服饰美学—通
俗读物 Ⅳ．①TS941.11-49

中国版本图书馆CIP数据核字(2022)第191337号

浙 江 省 版 权 局
著作权合同登记号
图字：11-2022-372号

上架指导：商务服饰／职场影响力

着装的影响力
ZHUOZHUANG DE YINGXIANGLI

[日]末广德司　著

贾天琪　译

责任编辑： 王晨儿
美术编辑： 韩　波
责任校对： 李　剑
责任印务： 曹雨辰
封面设计： ablackcover.com
出版发行： 浙江教育出版社（杭州市天目山路40号　电话：0571-85170300-80928）
印　　刷： 天津中印联印务有限公司

开　　本： 880mm×1230mm 1/32		**插　　页：** 1
印　　张： 6.75		**字　　数：** 85千字
版　　次： 2022年11月第1版		**印　　次：** 2022年11月第1次印刷
书　　号： ISBN 978-7-5722-4585-5		**定　　价：** 69.90元

如发现印装质量问题，影响阅读，请致电 010-56676359 联系调换。